普通高等教育艺术与传播学科"十二五"规划精品教材

三维动画创作Maya
动画篇

殷 俊 韩 涛 编著

中国科学技术大学出版社

内容简介

本书为普通高等学校艺术与传播学科"十二五"规划精品教材之一,系统地介绍了使用Maya软件制作三维动画的基本知识与技能。全书分"基础建模"与"动画绑定"两篇,共12章。基础建模篇主要讲授Maya软件中有关建模工具的使用方法和技巧;动画绑定篇分3个模块,分别介绍了动画、动画变形器、约束、骨骼控制、肢体绑定、蒙皮及面部表情处理等。

全书内容丰富多彩,是一本讲授详尽的三维动画多媒体教学用书,可供高等学校艺术与传播学科作为教材之用,亦可供动漫科技工作者学习参考。

图书在版编目(CIP)数据

三维动画创作Maya:动画篇/殷俊,韩涛编著. ——合肥:中国科学技术大学出版社,2015.8

ISBN 978-7-312-03801-3

Ⅰ. 三⋯　Ⅱ. ①殷⋯ ②韩⋯　Ⅲ. 三维动画软件—高等学校—教材　Ⅳ. TP391.41

中国版本图书馆CIP数据核字(2015)第187956号

责任编辑:郑　娟(特聘)　张善金
出　版　者:中国科学技术大学出版社
　　　　　　地址:合肥市金寨路96号　邮编:230026
　　　　　　网址:http://www.press.ustc.edu.cn
　　　　　　电话:发行部 0551-63606086-8808
印　刷　者:合肥市宏基印刷有限公司
发　行　者:中国科学技术大学出版社
经　销　者:全国新华书店
开　　　本:787 mm×1092 mm　1/16
印　　　张:15.5
字　　　数:388千
版　　　次:2015年8月第1版
印　　　次:2015年8月第1次印刷
定　　　价:48.00元

普通高等教育艺术与传播学科"十二五"规划精品教材

编　委　会

顾　　问（按姓氏笔画为序）

　　　　左庄伟　阮荣春　吴为山　何晓佑　周京新　周积寅
　　　　凌继尧

主　　编　王平

副 主 编（按姓氏笔画为序）

　　　　丁　山　王承昊　许建康　吴耀华　张广才　张秋平
　　　　张成来　贺万里　周燕弟　杨建生　郭承波　钱孟尧

编　　委（按姓氏笔画为序）

　　　　丁　山　王　平　王承昊　孙宝林　卢　锋　庄　曜
　　　　许建康　吴耀华　张广才　张　艺　张秋平　张成来
　　　　张　轶　张　凯　张　锡　张　明　陈启林　贺万里
　　　　周燕弟　杨建生　杨振和　郭承波　郑　曦　胡中节
　　　　钱孟尧　徐　雷　凌　青　崔天剑　殷　俊　盛　瑨
　　　　傅　凯　程明震　温巍山　惠　剑　薛生辉

总 序

江苏是我国教育大省之一,也是教育强省之一,省内高校众多,不仅基础好,政府投入大,而且学科门类齐全。近年来新兴学科不断涌现,学术带头人、教学名师、创新型人才层出不穷。如何充分发挥江苏的地缘优势、人才优势和教育资源优势,创造出更多的教育教学成果和科研成果,为经济建设服务,为传承和发扬华夏文明、建设伟大国家、实现中国梦服务,是高等教育工作者一直在思考和必须面对的问题。2013年5月,来自江苏省内多所高校艺术与传播学科的领导、学术带头人和教学一线老师齐聚南京,就普通高等教育艺术与传播学科的繁荣与发展问题展开了热烈的研讨,与会专家、学者一致认为,就国内的教育资源而言,江苏是艺术学科历史悠久和发展迅猛的地区之一,省内开设艺术学科的高校有76所,总体发展势头好,前景广阔;但另一方面,部分工科院校、综合性大学艺术学科相对于主流学科规模较小,且多为后起之秀,中青年人才多,因此实行校际合作、优势互补、强强联手、资源共享,出版适合新时期教育教学改革和知识创新、学科发展需要,反映江苏地域特色的艺术与传播类系列新教材十分必要,意义深远。大家一致建议花3~5年时间,完成这套精品规划教材的编写和出版工作。计划一期出版教材35种,经过两年的努力,已经相继完成了部分书稿的编写和审定,交付出版社进行后期制作。我们衷心感谢参编作者为本系列精品教材的出版所付出的心血和辛劳,感谢所有关心本系列精品教材出版的领导、学者和一线工作的老师们!

本系列教材的参编作者秉承学术创新理念,坚持教学与科研相结合的宗旨,根据自己的教学、科研体会,借鉴目前国外相关专业有关课程的设置和教学经验,注意理论与实际应用的结合、基础知识与最新发展及学科前沿研究的结合、课堂教学与课外实践的结合，精心组织材料，认真编写和锤炼教材内容，以使学生在掌握扎实理论基础的同时，了解本学科最新的研究方法与发展动态，掌握实际应用的技术，为在未来的职业生涯中铸就成功人生奠定坚实的基础。

这次入选的35种精品教材，既是教学一线老师长期教学积累的成果，也是对江苏省艺术与传播学科整体发展水平的展示和检验。我们热切地期待着本套精品教材的出版能为推动我国艺术与传播学科教育教学改革的进一步深化，为培养高素质的创新型和复合型人才发挥积极作用。

王 平

2015年5月

前 言

本书是一本帮助高等学校艺术与传播学科学生及动画培训机构学员系统地学习并使用 Maya 软件制作三维动画的多媒体教学图书，重点对 Maya 的骨骼绑定等动画功能作了详尽的举例讲解。

本书内容分"基础建模"与"动画绑定"两篇，系统地讲授了三维动画制作的基本知识与技能、技巧。其中，基础建模篇主要讲授 Maya 软件中有关基础建模工具的使用方法、步骤和技巧。动画绑定篇分为 3 个模块，模块一为基础知识，共 2 章，即第三章、第四章，包括动画基本介绍、动画变形器、约束的创建及应用、骨骼控制系统的初步认识，通过从创建骨骼到蒙皮做动画常用的 Blendshape 变形器、Cluster 簇变形器、Point 约束（点约束）、Aim 约束（目标约束）和骨骼创建等方法的介绍，使读者对动画制作有一个整体的认识，进而能更好地理解和应用后面的局部操作。模块二为绑定，共 5 章，即第五章至第九章，主要根据角色运动原理和层级关系对躯干的绑定、手臂的绑定、手掌的绑定、腿部骨骼的绑定和头部的初步设置进行详细的讲解。该模块是本书重点讲解的模块。模块三为蒙皮及面部表情，共 3 章，即第十章至第十二章。该模块在骨骼绑定的基础上对身体蒙皮、面部表情简单处理、文件完成、系统整理进行系统的介绍，从而增强了动画制作学习的完整性。

本书是编者对动画制作实战经验的总结，是严格按照动画流程编写的一本细致讲解动画制作的多媒体教学用书，目的在于帮助读者系统地学习 Maya 动画制作方法，掌握制作动画的基本流程与原理，以及作为动画独特的造型魅力在创作中的制作方法和应用，从而帮助读者开拓思维，提高动画制作水平。

在本书的编写过程中，我们力求语言精练，突出应用，希望给读者以更多的知识及技术指导,但限于水平,加之成书时间仓促,书中疏漏与不足之处在所难免,恳请同行学者和广大读者批评指正,以便使本书在将来修订再版时更加完善。

本书的出版得到了江南大学数字媒体学院、江苏大学艺术学院领导和老师们的热情支持,闵雅赳、李志、刘庆立做了许多资料收集和整理工作,大家共同营造了良好的工作氛围,赋予了编者充足的精力和编写条件,在此一并表示衷心的感谢!

殷 俊 韩 涛

2015 年 6 月于无锡

目　录

总序 ·· （ⅰ）

前言 ·· （ⅲ）

上篇　基 础 建 模

第一章　建模方法与步骤 ·· （3）

　第一节　基础建模的方法和技巧 ·· （3）

　　一、建模方法 ·· （3）

　　二、建模注意事项及技巧 ·· （3）

　第二节　基础建模工具 ··· （3）

　　一、Mesh 工具创建面板 ·· （3）

　　二、Combine 工具与 Separate 工具 ··· （4）

　　三、Smooth 工具 ·· （4）

　　四、Fill Hole 工具 ··· （6）

　　五、Keep Faces Together 工具 ·· （7）

　　六、Extrude 工具 ·· （7）

　　七、Append to Polygon Tool 工具 ··· （8）

　　八、Split Mesh Tool 工具 ·· （9）

　　九、Insert Edge Loop Tool 工具 ·· （9）

　　十、Duplicate Face 工具 ··· （9）

　　十一、Merge 工具 ··· （9）

　　十二、Delete Edge/Vertex 工具 ··· （9）

　　十三、Bevel 工具 ·· （9）

第二章　角色头部建模方法与步骤 ··· （10）

　第一节　主体头部建模 ··· （10）

　　一、创建头部模型主体物 ·· （10）

　　二、创建头部形体及确定五官位置 ·· （10）

三、镜像复制模型 ……………………………………………………………… (12)

四、细化头部形体及比例 ………………………………………………………… (12)

五、五官制作 ……………………………………………………………………… (12)

六、头部主体模型细节刻画 ……………………………………………………… (14)

第二节 耳朵建模 …………………………………………………………………… (15)

一、创建耳朵模型基本物体 ……………………………………………………… (15)

二、制作耳朵内部结构线 ………………………………………………………… (17)

三、制作耳朵内部形体 …………………………………………………………… (17)

四、细化耳朵形体结构 …………………………………………………………… (17)

五、调整耳朵模型形体及网格布线 ……………………………………………… (17)

第三节 耳朵与头部主体模型结合 ………………………………………………… (19)

一、Combine 属性结合 …………………………………………………………… (19)

二、Merge 工具 …………………………………………………………………… (20)

第四节 镜像结合头部模型 ………………………………………………………… (21)

一、镜像结合 ……………………………………………………………………… (21)

二、Sculpt Geometry Tool 工具面板的使用 …………………………………… (21)

下篇 动画绑定

第三章 动画基本介绍 ………………………………………………………………… (27)

第四章 动画基础知识 ………………………………………………………………… (29)

第一节 动画变形器 ………………………………………………………………… (29)

一、BlendShape 变形器 …………………………………………………………… (30)

二、Cluster 簇变形器 ……………………………………………………………… (36)

第二节 约束的创建及应用 ………………………………………………………… (38)

一、Point 约束 ……………………………………………………………………… (39)

二、Aim 约束 ……………………………………………………………………… (41)

第三节 骨骼控制系统的认识初步 ………………………………………………… (43)

一、创建骨骼 ……………………………………………………………………… (43)

二、修改骨骼 ……………………………………………………………………… (46)

三、镜像骨骼 ……………………………………………………………………… (48)

四、骨骼的显示 …………………………………………………………………… (51)

五、正向动力学骨骼和反向动力学骨骼(FK 与 IK) …………………………… (52)

六、蒙皮操作基础知识 ……………………………………………………（59）

第五章　躯干的绑定 …………………………………………………………（64）
　第一节　腰部绑定的基本原理 ………………………………………………（64）
　第二节　腰部的绑定 …………………………………………………………（72）
　第三节　腰部的层级关系整理 ………………………………………………（80）
　第四节　胸部的绑定 …………………………………………………………（83）
　第五节　胸部层级的整理 ……………………………………………………（95）

第六章　手臂的绑定 …………………………………………………………（97）
　第一节　Jnt 骨骼的创建 ……………………………………………………（97）
　第二节　IK 骨骼的创建 ………………………………………………………（99）
　第三节　FK 骨骼的制作 ……………………………………………………（102）
　第四节　IKFK 无缝切换 ……………………………………………………（102）
　　一、IKFK 无缝切换的原理 ………………………………………………（102）
　　二、IK 控制表达式的编写 ………………………………………………（105）
　　三、FK 控制表达式的编写 ………………………………………………（107）
　　四、IKFK 无缝切换控制工具架制作 ……………………………………（109）
　第五节　右手臂的制作 ………………………………………………………（112）
　第六节　层级的整理 …………………………………………………………（113）

第七章　手掌的绑定 …………………………………………………………（115）
　第一节　骨骼的创建 …………………………………………………………（115）
　　一、创建骨骼 ………………………………………………………………（115）
　　二、为骨骼设置合理的旋转 ………………………………………………（116）
　　三、为骨骼命名 ……………………………………………………………（119）
　　四、创建 IKhandle …………………………………………………………（120）
　　五、创建 Jnt 骨骼 …………………………………………………………（120）
　第二节　手部控制的创建 ……………………………………………………（124）
　第三节　层级整理，实现全局缩放 …………………………………………（140）

第八章　腿部骨骼的绑定 ……………………………………………………（144）
　第一节　骨骼的创建 …………………………………………………………（144）
　第二节　腿部骨骼的控制制作 ………………………………………………（146）
　　一、创建脚部控制骨骼 ……………………………………………………（146）

二、创建脚部控制器 ·· (147)
　　三、腿部的完成制作 ·· (153)
　第三节　整理层级关系 ·· (156)

第九章　头部的初步设置 ·· (157)
　第一节　颈部的骨骼设置 ·· (157)
　第二节　头部骨骼的初步设置 ·· (161)
　第三节　整理层级关系 ·· (162)

第十章　身体蒙皮设置 ·· (165)
　第一节　蒙皮前的蒙皮骨骼完善 ·· (165)
　第二节　为蒙皮做初步的设置 ·· (174)
　第三节　为身体蒙皮 ·· (175)
　第四节　添加影响物体,细化蒙皮操作 ·· (198)

第十一章　面部表情的简单处理 ·· (206)
　第一节　绑定操作 ·· (207)
　第二节　为面部做一些简单的控制操作 ·· (214)
　第三节　为角色制作眼睛的控制操作 ·· (217)
　第四节　为眼皮创建影响 ·· (223)
　第五节　为眼部做闭眼动作 ·· (225)

第十二章　文件完成,系统整理 ·· (230)
　第一节　对剩余模型的整理 ·· (230)
　第二节　制作整体的运动控制器 ·· (230)
　第三节　为 IKFK 无缝做最后修整 ·· (231)
　　一、左手臂的切换 ·· (232)
　　二、右手臂的切换 ·· (233)
　第四节　为角色添加标签 ·· (234)

上篇　基础建模

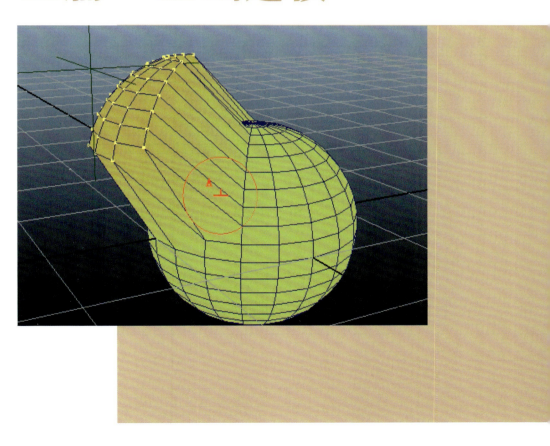

第一章 建模方法与步骤

第一节 基础建模的方法和技巧

一、建模方法

学习动画之前,让我们先来学习一下 Maya 建模,了解一下建模的方法和注意事项。在项目制作中能分辨出模型的优劣,以及模型是否规范,将在很大程度上影响到后面的动画制作。

在角色的模型制作中,尽可能按照肌肉的走向进行布线。为的是在以后的角色绑定中提供方便,尤其体现在面部表情模型制作时,这一点是非常重要的。

布线尽量是四边面,尽可能少地出现三角面和多边面,尤其是在运动的部位。三角面或者多边面不论是在 Smooth 圆滑显示还是在骨骼绑定的权重分配,或是在动作调节方面,都有非常大的弊端,圆滑显示的时候会经常出现折痕和凸起,权重分配很难到位,导致运动扭曲、不协调。

二、建模注意事项及技巧

在角色的模型制作中网格布局要合理分配,不宜过多,布线要均匀。过多的点线不仅会增加修改和蒙皮权重的工作量,而且也会增加制作难度。

关节处要增加网格段数,最少要 3 条,在静帧画面中可能看不出来,但是在动画中表现非常明显,线条过少带来的后果就是在关节弯曲时产生严重的变形。

第二节 基础建模工具

一、Mesh 工具创建面板

创建模型的方法在 Maya 中非常灵活多变,在这里主要讲解的是 Polygon 的建模方法。

首先进入到 Polygons 模块下，建模中主要用到的是 Mesh 和 Edit Mesh 下的工具命令。点开 Mesh 下的下拉菜单，会弹出许多命令，如图 1-1 所示。

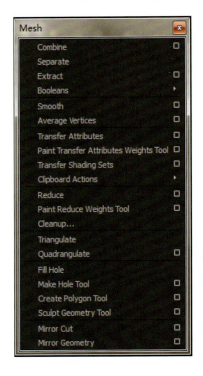

图 1-1

在这里主要讲解一下菜单里面的 Combine、Separate、Smooth、Fill Hole Keep Faces Together、Extrude、Append to Polygon Tool、Bridge、Split Mesh Tool、Insert Edge Loop Tool、Duplicate Face、Merge、Delete Edge/Vertex、Bevel 工具。

二、Combine 工具与 Separate 工具

Combine 命令和 Separate 命令是对应的，前者是合并两个物体，后者是分离两个物体。

创建一个 Polygon 的方盒子 Cube，再创建一个 Polygon 的 sphere。选中这两个模型，点击 Combine，这时会发现，这两个物体变成了一个物体。当选中这个合并后的物体后，点击 Separate，两个物体又会分开来。这两个工具的用处是非常广泛的，前者尤甚。在创建对称模型的时候，一般只创建一边，另一边可以镜像复制出来，然后用 Combine 命令将两者合并成一个物体，且合并重叠点，使得两个单独的模型变为一个完整的模型。

三、Smooth 工具

此工具是用来通过添加线来平滑模型，使模型更加精细。在使用 Mental Ray 等一

些渲染器的时候，此工具失去作用。

创建一个 Polygon 的 Cube 物体。如果这个时候点击 Smooth 的话，就会发现 Cube 变成了一个球状物体，且表面上的线也变多了，如图 1-2 所示。

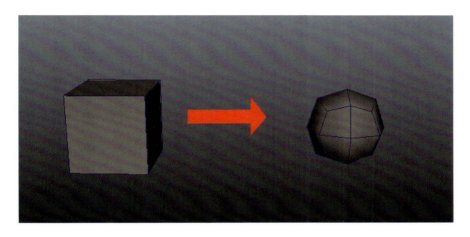

图 1-2

模型之所以由方形变成了球形，是因为电脑在计算的时候根据两个点之间的距离进行过渡，用添加线来产生平滑效果。如果想要使它还能保持方形的效果，就需要在边角的位置加线来卡一下棱角。

点击 Edit Mesh 下面的 Insert Edge Loop Tool 插入环形边的命令。在模型边角的位置添加两圈线，如图 1-3 所示。

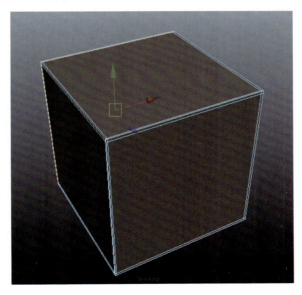

图 1-3

加完线后再次点击 Smooth,效果就会变成如图 1-4 所示的效果了。

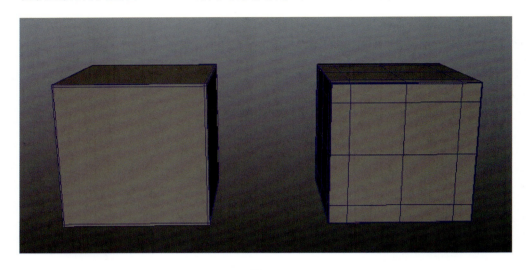

图 1-4

四、Fill Hole 工具

这个命令的作用是用来填补空洞。

创建一个球体,鼠标放在模型上点击右键,在弹出的菜单中选择 Face,这样就进入了面层级。选择一部分面删除掉,人为地制造一个空洞,然后鼠标放在模型上,点击右键,在弹出的菜单中选择 Edge,进入线层级。选择空洞周围所有的线,点击 Fill Hole 命令,就会发现原先的空洞已被一张面补上了,如图 1-5 所示。

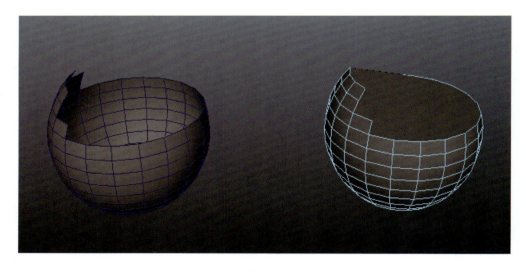

图 1-5

在 Edit Mesh 下还有一些常用的工具（命令），这里就重点讲解这几个工具。

五、Keep Faces Together 工具

严格地来说这个不算是一个工具，它是辅助 Extrude 等其他的命令的选项，这个命令是一个布尔计算的命令，当前面的对号被点上的时候，所要挤压或者榨开的面将以一个整体进行计算，如果没有点选上，每一个面会以单独的个体进行计算。

六、Extrude 工具

这个命令是用来挤压面的工具，在面层级下选择面后，点击这个命令会将在这个面的范围内挤压出另外一个面，实例演示如下：

创建一个 polySphere，在面层级下选择一些面，点击 Extrude 命令，这时会出现一个手柄，这是一个对挤压出来的面进行操作的手柄，这个手柄可以控制被挤压出来的面的位移、旋转、缩放。也可以使用工具栏中的位移旋转缩放工具改变被挤压出来的面。

当挤压多个面的时候，挤压会出现两种方式。有的时候挤压出来的面是分离的单独个体，有时候挤压出来的面是以一个整体的形式进行的挤压。这就是前面所讲到的 Keep Face Together 命令的原因。如图 1-6 所示，左边的挤压是在 Keep Face Together 没有被点选上的时候挤压的形状，右边的图形是在 Keep Face Together 被点选上的时候出现的挤压形状。

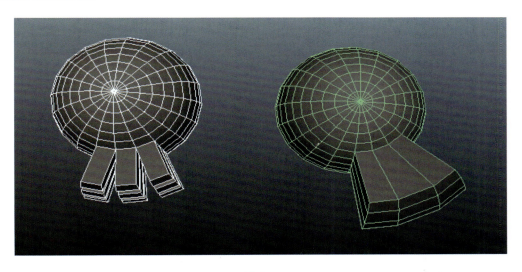

图 1-6

七、Append to Polygon Tool 工具

这个命令经常用来封堵漏洞或者在某个拐角处创建几何体。

创建一个 polySphere，删除几个面，如图 1-7 所示。

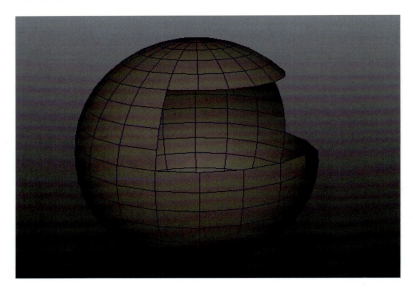

图 1-7

点击 Append to Polygon Tool 命令，在想要创建模型的边上点击，完成后按回车键，就可以创建出模型。如图 1-8 所示。

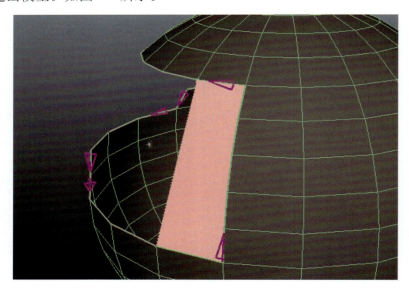

图 1-8

八、Split Mesh Tool 工具

这个是用来自由添加边的命令，用这个命令可以在模型上任意的位置添加边线。

九、Insert Edge Loop Tool 工具

这个命令和上一个命令的作用一样，也是用来加线的一个命令，但是这个是加一圈的线。在使用这个命令的时候，会在所点击的边线的位置往对边的边线拓展，直到出现不是四边面的位置停止。所以说这个命令只能应用在四边面的模型上。

十、Duplicate Face 工具

这个命令是用来复制面的命令，选中模型上的面，点击这个命令，可以复制出所选的面，并且是以单独物体的形式存在。这个命令在创建机械类模型或者建筑类模型的时候是用得非常多的。

十一、Merge 工具

这个命令是用来合并一个物体上的点，有的时候模型上的点太多，或者出现重合点的时候，用这个命令能非常便捷地解决问题。该工具使用比较多的地方是在创建模型完成后，将两边对称的模型进行缝合。

十二、Delete Edge/Vertex 工具

这个命令是用来删除边或者点的命令。当然，使用 Delete 键也可以删除边，但是这样删除的边会遗留下边两端的点。这些点经常是一些没有用的废点，会阻碍后续制作，尤其是在动画阶段，往往会出现严重的错误。而使用这个命令删除边线则不会遗留下废点。

使用 Delete 键删除不了边角处的顶点，而使用这个命令则可以解决这个问题。

十三、Bevel 工具

这是一个倒角命令，选择模型上的一条线，点击 Bevel 命令，这条线就会变成两条，如果选中的这条线在棱角位置，我们就会发现，新形成的两条边会自然地过渡，使得棱角不再那么尖锐。两条边分开的距离可以通过通道盒面板里面的 Bevel 节点下的 Offset 属性进行调节。

以上是在建模中经常用到的一些命令，掌握好这些命令，建模基本上就没有什么问题了。剩下的问题就是熟练地掌握何时何地使用这些命令了。建模最重要的是它的布线方式，聪明的读者可以多参考一些优秀模型的布线方法来掌握。

第二章 角色头部建模方法与步骤

第一节　主体头部建模

一、创建头部模型主体物

点击 Creat—Polygon Primitive—Cube(创建的时候请查看一下 Cube 下面的 Interactive Creation 选项,最好是没有点选上,这样点击了创建方盒子后,一个正方形会自动地出现在世界坐标原点的位置)。

创建后为模型增加一些段数,选中模型,在通道盒面板中找到模型的 Inputs 里面的 polyCube1 节点,点开会出现如图 2-1 所示的命令。

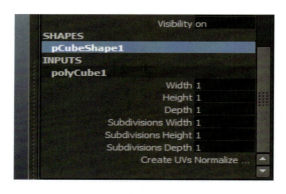

图 2-1

调节 Subdivisions Width,Subdivisions Height,Subdivisions Depth 的数值可以改变相应的段数,增加到如图 2-2 所示的段数。

二、创建头部形体及确定五官位置

竖方向上的散条线分别用来定一下眼睛、鼻子、嘴巴的位置,然后调节点的位置,塑造大型,成为一个头的形状。做的时候制作一边即可,将另一边的面全部删除,如图 2-3 所示。

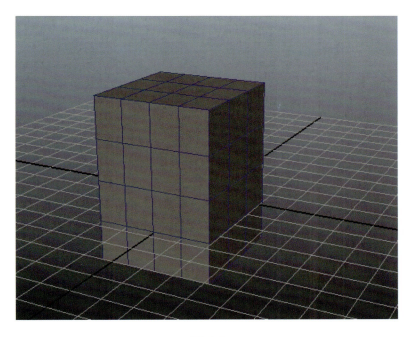

图 2-2

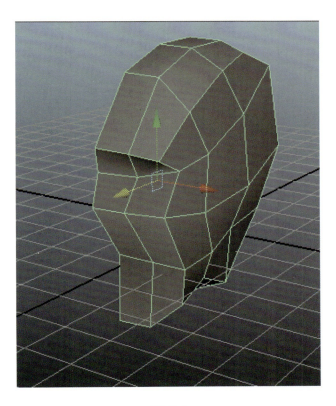

图 2-3

三、镜像复制模型

然后镜像出另一边,点击 Edit—Duplicate Special 后面的小方块,弹出一个设置面板,如图 2-4 所示。

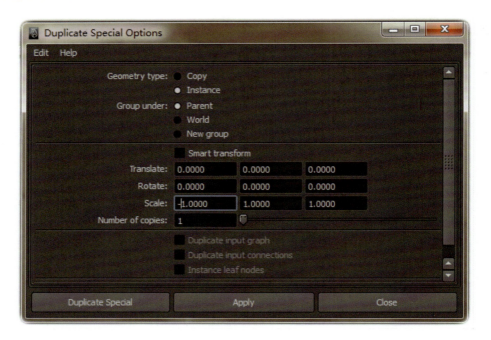

图 2-4

重点是要点选 Instance,这个镜像出来的模型会根据另一面模型的改变而改变,始终保持对称。Scale 属性的设置根据想要镜像的轴向来决定。

四、细化头部形体及比例

大型调节完成后,再通过加线工具为模型添加线段,加每一条线都要有它的意义,创建模型的时候,尽可能地以最少的面来完成最棒的效果,让每一个点都能为其所用,如图 2-5 所示。

五、五官制作

在做完大型后,开始确定眼睛、鼻子、嘴巴的位置,这个时候可以不用做得很精细,建模型的时候就像是在画素描,一步步深入进去。眼睛的地方通过挤压面的命令一层一层地挤出眼睛的形状,每挤一次都要调整一下眼睛的位置,挤第一次就要先将眼睛的大轮廓调整出来,将这条边作为眼睛的轮廓线。

嘴巴的位置,选择定义嘴巴的那条线,使用 Bevel 命令,变成了双线,这两条线分别作为嘴的上下嘴唇,调整嘴巴的形状。下面的步骤和制作与刻画眼睛一样,并且一定要通过加线、减线来破除三角面(见图 2-6)。

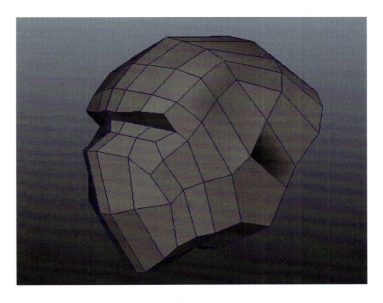

图 2-5

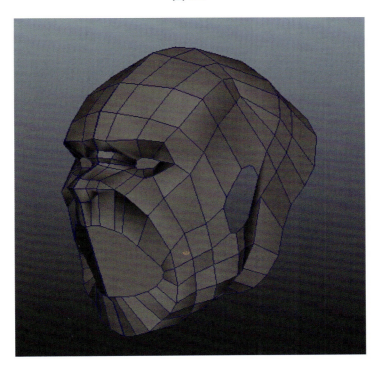

图 2-6

眼睛、嘴巴的大轮廓出现后，通过 Insert Edge Loop Tool 工具，加环形边，每加一圈边都要调整它的点的位置，渐渐出现嘴巴的形状（见图 2-7）。

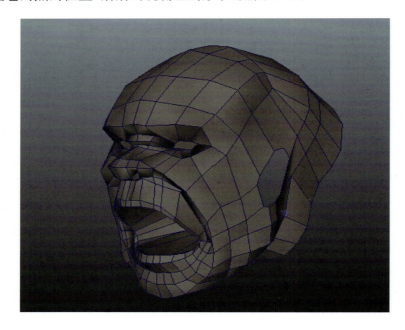

图 2-7

六、头部主体模型细节刻画

这个时候模型的样子基本出现，下一步就是刻画一下模型的结构，使模型更加生动和准确，使得细节更加丰富（见图 2-8）。

布线要按照肌肉的走向来布线，这样布线使得在后面制作面部表情的时候能够非常容易地控制和表现。

在眼角、嘴角部分，不要使用单线，眼角和嘴角的地方都要使用双线，这样做的好处是在后期的骨骼蒙皮的时候能产生拉伸效果，并且上眼皮和下眼皮边的数量尽可能地一致，以方便后面做眼部绑定的时候，能使得眼睛闭合无误。调整好以后，将嘴部、眼部的内部结构也添加进去，调整好形状和位置。

耳朵部分可以单独拿出来制作，制作完成以后将耳朵放在头部的合适位置，用 Combine 命令将两个物体合并成一个物体。并用 Merge 命令将应该合并的点合并起来，不要出现漏洞。

做完后，检查一下布线是否合理、准确。模型尽量地都是四边面，防止出现过多的三角面、五边面和多边面。三角面、五边面和多边面过多会对后面的绑定动画造成很大的麻烦。

在此基础上开始对模型进行细节上的刻画和修整，使得模型内容更丰富。

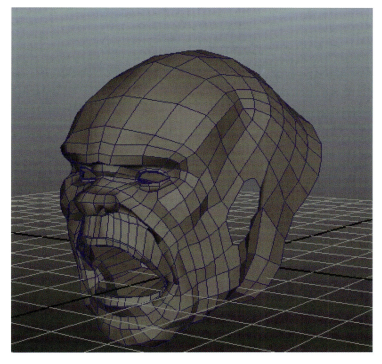

图 2-8

第二节　耳　朵　建　模

一、创建耳朵模型基本物体

耳朵的创建和头部一样，可以先从一个 Polygon 的 Cube 开始创建。

创建一个 Cube，为它增加一些段数，如图 2-9 所示。

在这里可以使用 Lattice 晶格变形器来辅助建模，在 Animation 板块下，选中模型，点击 Create Deformers—Lattice，这时候，在模型上会出现晶格围绕在模型周围。点击右键，在弹出的菜单中选择 Lattice Points，此时，晶格点就能整体地控制模型的改变。用晶格将模型调整成耳朵的形状，如图 2-10 所示。

调整好大型以后，删除历史记录，变形器会自动删除并保留模型当前状态。直接删除变形器，模型会回到初始状态而失去变形器的作用。

图 2-9

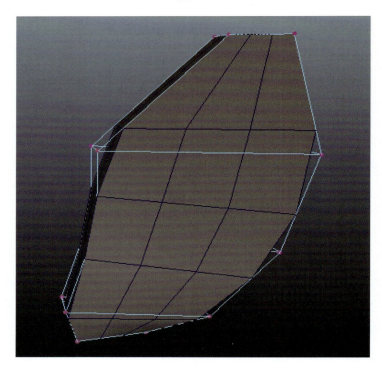

图 2-10

二、制作耳朵内部结构线

用 Split Polygon Tool 为模型画出它的内耳轮廓线等。这时候可以不用考虑布线，重点在绘制出它的造型，布线可以在绘制出大型后再进行修改（见图2-11）。

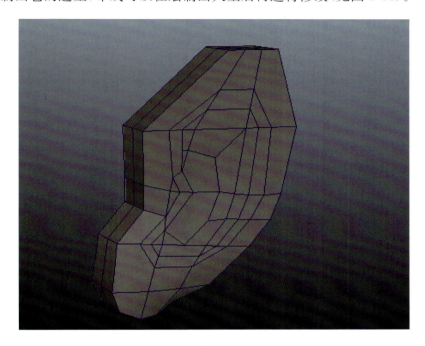

图 2-11

三、制作耳朵内部形体

调整点的位置，将内耳轮廓线拉进去，制作出体积（见图2-12）。

周边的线做圆滑过渡，不要看起来很生硬。这时候要调整一下布线结构，线条要整齐均匀，顺着肌肉的走向进行布线（见图2-13）。

四、细化耳朵形体结构

用加线工具在转角处多加几条边，在塑造出外形的同时也为内耳的点的调节提供可支配的点。参照耳朵的生理结构进一步塑造耳朵的形状，丰富耳朵的内容（见图2-14）。

五、调整耳朵模型形体及网格布线

再次检查布线，查看是否有杂线、乱线，并进一步整理布线机构（见图2-15）。

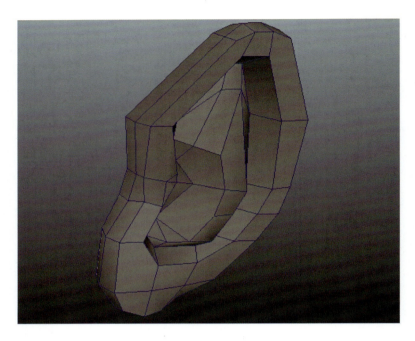

图 2-12

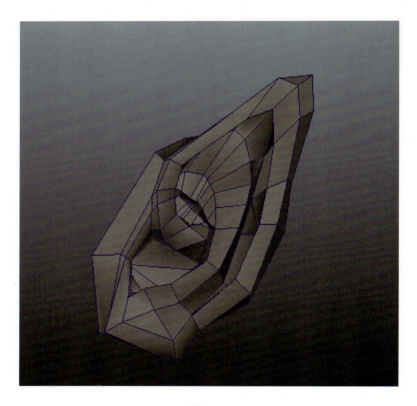

图 2-13

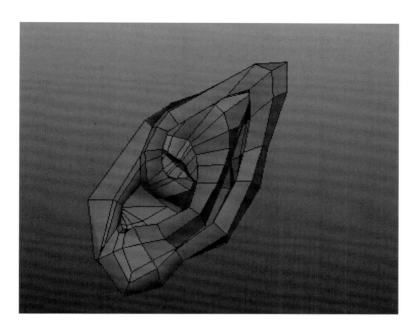

图 2-14

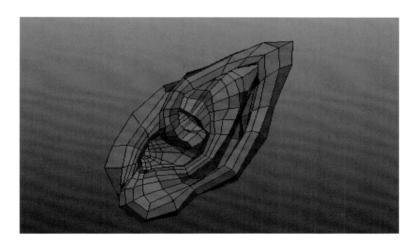

图 2-15

第三节　耳朵与头部主体模型结合

一、Combine 属性结合

耳朵制作完成后需要将耳朵和头部其他地方进行结合。这里要用到两个工具，其中一个是 Combine。用该工具将两个独立的物体合并成一个物体(见图 2-16)。

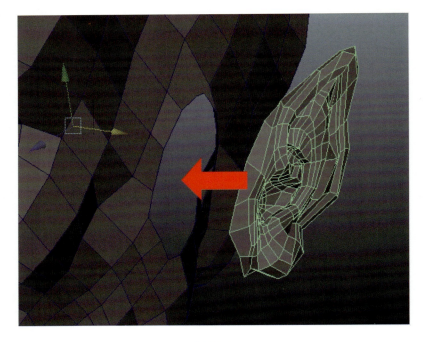

图 2-16

二、Merge 工具

将相对应的点合并,两个合并了的模型之间不要出现缝隙。
将耳朵移动到头部的耳朵位置处,通过旋转、位移、缩放的调整,对好位置(见图 2-17)。

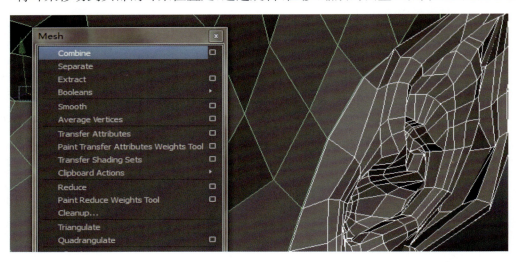

图 2-17

点击 Combine，然后选中头部的点和附近离得最近的耳朵的点，点击 Merge。如果对应的点的数量不一致，需要单独在头部或者耳朵部位加线，相应地添加接口处需要缝合的点的数量，与之对应缝合（见图 2-18）。

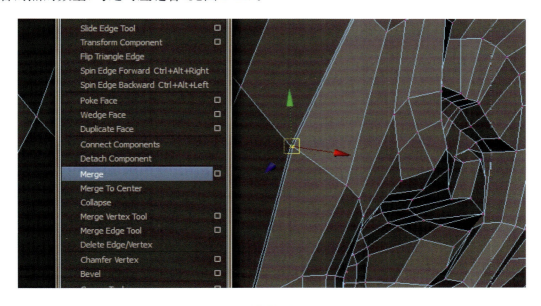

图 2-18

第四节　镜像结合头部模型

一、镜像结合

当处于 Combine 的时候，另一边镜像的模型会自动消失，这时需要再次镜像复制一个模型（见图 2-19）。

然后将左右两边的模型 Combine、Merge 重合，并保证左右两边对称。保证两边的对称有非常大的优势，在骨骼绑定、权重调节都有镜像，可以镜像骨骼的配置、可以镜像权重的分配，对称的模型能大大地减少工作量，同时也节省了调动画时候的步骤。

可以在此基础上将牙床和眼球做完，完善模型的创建（见图 2-20）。

二、Sculpt Geometry Tool 工具面板的使用

在建模中，当模型的面比较多的时候，可以使用笔刷进行修饰雕刻，比起手动调点效率要高很多。建模中，这两种方法可以相互搭配使用。现介绍如下：

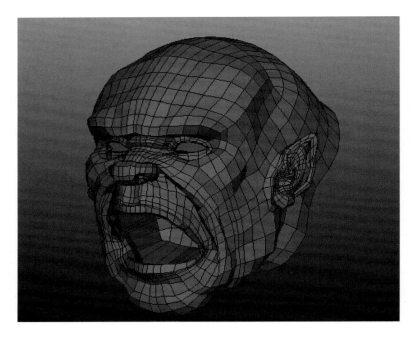

图 2-19

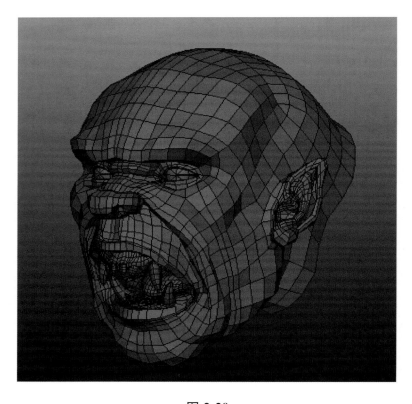

图 2-20

选中模型，点击 Mesh—Sculpt Geometry Tool 或者是直接在模型上点击右键，在弹出的菜单中找到 Paint—Sculpt。

这时候会出现一个笔刷并弹出一个面板。

Radius 是用来调节笔刷的大小，但一般不用它来调节，而是用快捷键进行调节，按住 b 键，拖动鼠标左键可以快速控制大小。

Profile 是笔刷的笔头样式。

Operation 后面是一些不同的小球和笔刷组合的图标，分别是不同的绘制方式。第一种是推，第二种是拉，第三种是平滑，第四种是舒展，第五种是往里面聚集，最后一种是擦出笔刷效果，让它回到绘制之前的状态。

Maya 的雕刻工具只能作为辅助工具使用，想要做真正的雕刻效果，还需要到 Zbrush 软件(见图 2-21)或者 Autodesk 公司旗下的 Mudbox 软件中雕刻。能承载数百万个面，能做出非常逼真的效果(见图 2-22)。

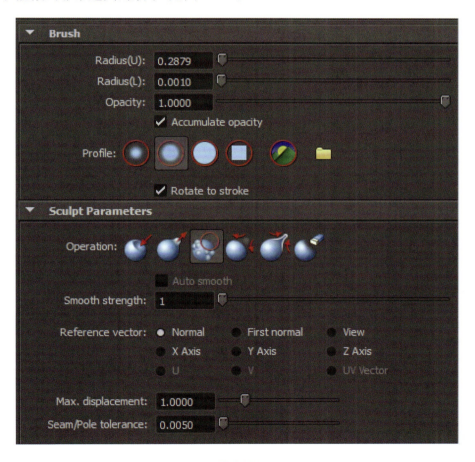

图 2-21

用笔刷修整一下模型，线密集不均的地方用 Smooth 笔刷平滑一下。Maya 里面的模型制作基本结束。用同样的方法和步骤可以制作人的身体（如图 2-23 所示），这里就不再细述了。

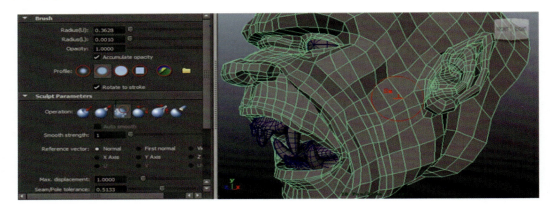

图 2-22

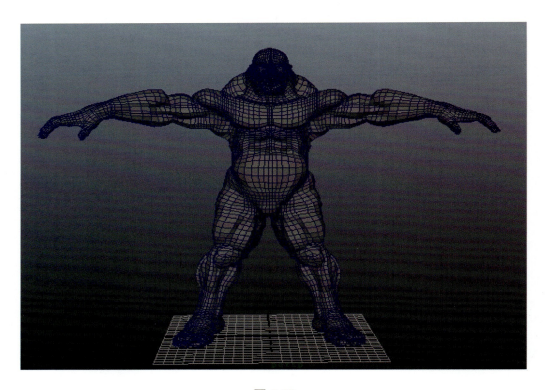

图 2-23

模型的制作流程大致如此。我们在学习建模的时候，还要注意多多参考和了解解剖学的知识，了解人体肌肉的走向，这对于成功运用 Maya 绘制所需三维动画大有裨益。

下篇　动画绑定

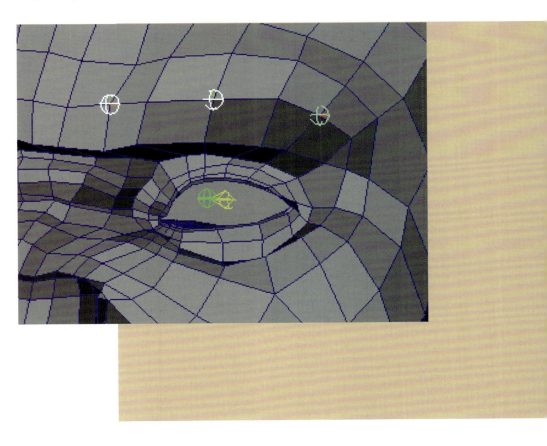

第三章

动画基本介绍

　　本书主要讲解如何在 Maya 这款软件中实现三维动画的制作,书中主要详细讲解角色骨骼绑定的高级操作以及对角色模型的蒙皮设置,如何使得模型做出生动的表演。对于面部的控制也做了一些讲解,基本能实现一般表情的制作。书中用到了非常多的制作方法,运用一个实例从不同的角度解决所遇到的难题。读者在熟练掌握这些方法后,能够非常轻松地解决在项目制作中遇到的大多数的难题。

　　我们先来了解动画制作中所需要的一些命令。这些命令涵盖了 Animation 模块下的变形器的创建和修改,骨骼的设置和应用,约束控制的特点和作用。还涉及了毛囊在绑定中的应用,如何运用表达式来实现动画制作的控制,了解脚本编辑器的使用方法。

　　动画片以及影视作品中的三维动画部分的动画制作的流程,大体可以分为绑定设置和调节动画两大主要部分。其中,绑定设置中有:身体的骨骼绑定、角色蒙皮的操作和面部表情制作。真实的角色以及部分的动画角色还会应用到肌肉的制作。为了方便动画师的动画调节,有时还会编写 UI 面板和表情面板,方便动画师在调节动画时对于控制器的选择。

　　骨骼绑定中要熟练地掌握 Maya 骨骼的特点,注意轴向的选择和摆放,控制器对于骨骼控制所起到的作用,各种层级关系的处理以及不同约束控制的合理运用。骨骼的绑定是对角色运动能力的创建,骨骼绑定的好坏,直接决定了角色在动画调节中运动的正确与否。好的绑定设置能很好地让动画师赋予角色灵魂,让角色富有特点。

　　蒙皮的制作相对来说要单调一些,主要的任务就是为角色的模型刷上对应骨骼的权重,"0"代表无,"1"代表有,位于之间的小数数值代表了"有"的多少的百分值。一般情况下,对于权重的设置是限制一个点所受到的所有影响体的权重总和为 1。在特殊的制作中,为了实现效果,也可以打破这种设置,但一般不要用。

　　面部的表情制作是一件非常有意思的工作,为绑定好的角色制作各种不同的表情,让角色能真正地拥有人的表情传达能力。在之前的表情制作中,最常用的是用 BlendShape 变形器,通过制作一系列不同的表情目标体,对原始的角色模型做 BlendShape 变形,通过调节每个变形节点的权重值的大小,来控制不同的表情动作的变化。但是这种表情制作有个缺陷，就是所有的表情都限制在所制作的表情体中，这样在动画调节中就有很大的操作局限，而且大量表情体的制作还会带来文件自身占用系统空间资源的巨大负荷。面部表情控制的另一途径是用骨骼直接对模型进行绑定，这样做的好处是容易实现各种表情变化的制作，只要合理地在面部制作上控制骨骼，分配好权重大小，就能任意地改变各种表情。不过，这种方法也有缺点。相对于BlendShape制作而言，在动画操作中虽然实现了丰富表情的制作，但是在动画调节的效率上要低很多。例如，一个张开嘴笑的动作，一个表情目标体就能实现，可是如果用骨骼调节，则要动用好几个骨骼上的控制器才能实现。而且自身所存在的缺点是，权重值的大小极难分配，很难做出任何表情后还能实现很平滑的过渡。和骨骼绑定相似的方法还有利用曲线和面片添加对模型的影响，来控制角色的面部表情。这两种方法在一定程度上缓解了骨骼绑定所存在的问题，尤其是面片的控制。但也并非是全能的，制作中需要将各种方法结合起来使用。

面部表情面板是通过制作一个面板的一些控制器，通过驱动关键帧的设置，用控制器控制各种已经做好的表情的控制，例如，驱动了骨骼的移动旋转、BlendShape变形节点的权重大小等。

如果说绑定设置偏向于技术，那么动画调节更偏向于艺术。动画实际上就是时间和空间的艺术，将每一个时间段的画面总结起来的艺术的总和。

动画的调节除了在了解和熟练应用动画编辑器以及关键帧动画和路径动画外，最主要的还是对动画运动规律的掌握。要仔细观察周围的生活，注意生活中的细节，培养自己丰富的想象力。

下一章就让我们来了解和掌握动画在Maya软件平台制作的基础知识。

第四章 动画基础知识

第一节 动画变形器

Maya的变形器有很多种,其中Bend、Flare、Sine、Squesh、Twist和Wave具有相似的特征,被归为一类,集体地放在了Create Deformers—Nonlinear下面,成为非线性变形器。除了Maya中的非线性变形器外,还有以下几种变形器:

(1) BlendShape 融合变形器,使用融合变形可以使一个物体的形状逐渐转变为其他物体的形状。应用领域非常广泛,几乎是所有变形器中应用最广的一个变形器,最主要的应用是在面部的表情制作上。

(2) Lattice 晶格变形器,是用方形阵列的空间点来改变物体的形状。这种变形器在建模中也有一定的应用。动画绑定制作中,在绑定冗杂的物体时经常用到,例如,绑定卡通的鸡尾巴,制作复杂的衣服如果不用布料结算的时候也会用到Lattice变形器。

(3) Cluster 簇变形器,将变形对象上的一组点作为一个整体来控制。这个变形器应用也非常广泛,在制作面部表情的时候会经常会用到。

(4) Wrap 包裹变形器,用一个几何体的变形来控制另一个几何体的变形。这个变形器用到的概率较之前三个要稍微少一些,因为它的计算量非常大,制作项目的时候可能不太经常用。不过,这个变形器却是一个非常有用的变形器,在一些镜像表情复制的时候几乎是必须用到的。此外,它还能够将表情的制作单独进行,最后为绑定模型套上一个带有表情的头部,通过这种方法可以实现一种面部的控制。

(5) Wire 线变形器,用一条或多条线控制物体的变形器。这个变形器在卡通的角色绑定中用得非常广泛,可以实现角色夸张的拉伸扭曲变形,这种扭曲较之用骨骼等做的拉伸扭曲有很大的不同,具有很大的优越性。骨骼绑定后做的拉伸扭曲变形对权重的要求非常高,而且由于骨骼不易控制,实现的变形效果不如线变形理想。

除此之外,还有一些不经常用的变形器,例如,Sculpt雕塑变形器、Wrinkle褶皱变形器、Jiggle抖动变形器等,也有所应用,但相对于前面介绍的几种变形器,其应用领域不是很广泛。

一、BlendShape 变形器

融合变形至少需要两个结构相似、形状不同的物体,在使用后,可以产生从一个形状到另一个形状的过渡效果。融合变形器的典型用法就是制作角色的表情动画,先制作一系列不同表情的模型,然后添加一个融合变形器到没有表情的头部模型上,这样可以通过融合变形控制工具来自由地控制各种表情的过渡和融合。

下面介绍一下融合变形的具体的用法。

第一步,先创建一个 Polygon 的 Cube 物体,为它命名为 a,复制一个物体,为它命名为 b,将它们分开一段距离,便于观察。

第二步,点击 Create Deformers—BlendShape 后面的小方块,打开融合变形器的面板。如图 4-1 所示。

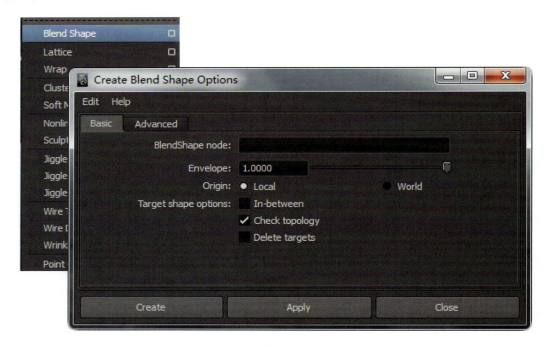

图 4-1

下面我们来介绍一下各种参数的作用。

(1) BlendShape node　是创建的变形节点的名字,这个名字可以在创建以后改变。

(2) Envelope　是整个节点的权重控制,因为一个节点里面可以容纳多个目标体,这个选项可以控制所有在这个节点的目标体的整体。

(3) Origin　此参数控制在制作融合变形时是否考虑目标体和变形体模型的空间位置的差异。

再往下有个 Target shape option，后面有三个选项，分别是 In-between、Check topolgy 和 Delete targets。

• In-beteen　控制多个目标是以内插方式还是以平衡方式融合。勾选了此项，将以插入的方式进行，创建出的 BlendShape 节点只有一个变形属性，这个属性的值从 0 到 1 的变化，变形体形状的转化将按照目标体的选择顺序，从第一个目标开始，再到第二个目标依次出现。

如果不勾选，将会以平行的效果出现，如果选择了两个目标体对变形体融合变形，创建出来的变形节点就会出现两个变形属性，分别是对应的两个目标物体的名字，两个物体控制了两个变形效果，单独出现。

• Check topology　此项设置是检查变形体和目标体的拓扑结构是否相同，一般使用系统默认，勾选此项。

• Delete target　删除目标体。就是在创建了 BlendShape 变形后，是否删除掉目标体。一般可以不勾选此项，如果在变形后不满意，想要调整一下目标体，只需要在目标体上调整就可以，变形体会跟随着变动，一旦删除了目标体，就不能进行再编辑。

点击窗口左上角的 Edit—Reset Settings，恢复到默认设置，这个时候选择场景中的 b，再按住 shift 加选模型 a，点击一下 Create 创建，BlendShape 变形就创建成功了。

第三步，如何控制变形器。

选择 a 模型，在通道盒面板中会发现 Inputs 里面多了一个 BlendShape1 节点，打开这个节点，发现有两个属性，一个是 Envelope，这个是之前创建的时候，窗口上显示的那个属性，下面的属性则是物体 b 的名称 b，这个时候会发现不论改变这两个参数中的哪一个值效果都一样，分不出区别来。那么，我们为这个节点再添加一个目标物体。

第四步，再次创建一个 Polygon 的 Cube，命名为 c，建好后移动一段距离，便于分别选择。

选择 c 加选 a，点击 Edit Deformers—BlendShape—Add 后面的小方块，打开设置面板。默认状态下如图 4-2 所示。

点选上 Specify node，此时下面的文本框会变成可编辑状态，默认设置会弹出已选模型自身所带的 BlendShape 节点，在其下面有个选项是 Add In-between Target，和之前创建时是一样的，点选上是内插，不点选是平行。

点击 apply 执行。

选择模型 a，通道盒面板中发现 BlendShape1 节点下多了一个 c。

把 b 调为 1，c 调为 0，Envelope 调为 1，变形体和 b 是一样的。选择 b 属性，按住且中间左右移动调节它的大小，我们会发现，变形体只会在 b 和 a 两个形状之见过渡。反之，c 也是如此。

把 b 和 c 都调为 1，中间拖动 Envelope 属性，改变 Envelope 的值，我们会发现，变形体会整体地变形 b 和 c 的混合形状，如图 4-3 所示。

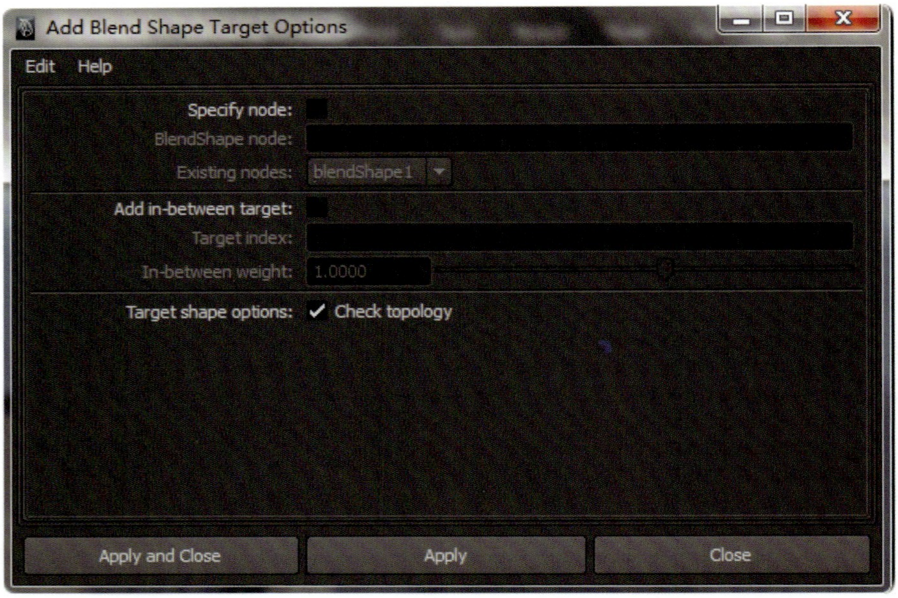

图 4-2

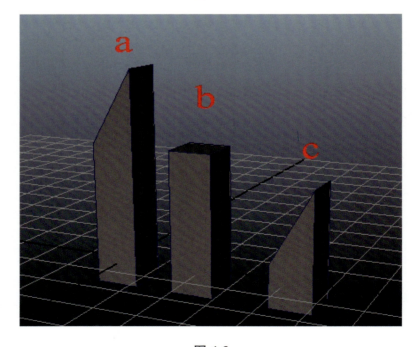

图 4-3

对 BlendShape 变形可以通过设置关键帧来实现对动画的操作。

在场景底部,有个时间条(见图 4-4),把指针拉到 1 帧位置,选择 BlendShape 节点的 b 属性改为 0,再把时间条上的指针拉到 10 帧位置,将 BlendShape 节点的 b 属性调到 1。点击右下角的播放按钮,播放动画,我们会发现模型 a 将会从 a 的形状平滑过渡到 b 的形状。

图 4-4

调节 BlendShape 变形还有一个一个专门的编辑器。

点击 Window—Animation Editor—BlendShape,会弹出一个窗口,如图 4-5 所示。

图 4-5

窗口里显示了创建的 BlendShape1 节点,里面有两个滑竿,分别对应着 b 和 c 两个属性。

滑竿的方向可以通过调节左上角 Option 下的 Orientation 的两个选项来调节,一个是竖方向,一个是横方向。

这个窗口是便于用来调节大量的 BlendShape 变形,在表情制作中,会制作许许多多的目标体,这些目标体的变形属性就会罗列在这个窗口中,通过调节权重大小,设置关键帧做动画。

这个面板中有几个按钮,分别是 Delete,Add Base,Key All,Key,Reset All,Select。

- Delete　删除。删除当前的 BlendShape 节点。
- Add Base　复制当前变形体并作为此 BlendShape 节点的一个新目标体。
- Key All　给此 BlendShape 节点的所有没标权重添加关键帧。
- Key　给当前所在的目标体的权重设置关键帧。
- Select　选择此节点。

为创建好的 BlendShape 编辑,在 Eidt Deformers—BlendShape 后面有四个选项,分别是 Add,Remove,Swap,Bake topology to targets。

BlendShape 节点的变形属性是叠加的,所以创建了一系列的变形时,会出现变形严重不理想的效果。这样只能同时出现一个变形,但是面部表情中,嘴和眼睛等不同的部位分别做运动的时候,不可能每一个微小的动作都要只做一个目标体,如果控制眼睛的目标体只控制眼睛的地方,控制嘴巴的目标体只控制嘴巴的地方,那么这样即使两个 BlendShape 同时存在,也不会出现错误变形效果。这就需要我们来控制目标体对变形体的控制范围了。

有两种方法可以进行这种控制,一种是选中要编辑的点,点击 Window—General Editors—Component Editor,会弹出一个面板,如图 4-6 所示。

图 4-6

上面是面板控制选项,再下面有一排标签,有 Springs、Particles、Weighted Deformer 等,这些标签,分别是这些选中的点所受到不同控制的影响权重等。左边是选中的点的名称。右边是受到影响物体的名称和所影响的权重大小。

选中 BlendShape Deformers 标签,会出现 b 和 c 两个控制的权重值,通过这里可以调节权重大小。

这个权重值是固定的,不会随便改变。如果是嘴部的点,那么将眼睛的目标体名称下的数值全部改为 0,就不再受到眼睛目标体的控制了。

另一种方法是选中模型,点击 Edit Deformers—Paint BlendShape Weight Tools。可以通过笔刷来刷权重。如图 4-7 所示,模型会变为白色或者黑色。黑色代表 0,白色代表 1,在老版本的 Maya 软件中只有黑、白、灰之分。在新版本的 Maya 2011 软件中加入了颜色选项,可以通过颜色显示来分辨所受到的权重值的大小。

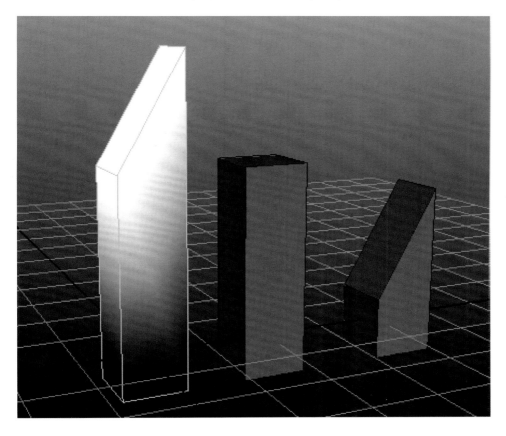

图 4-7

至此,我们对于 BlendShape 的讲解就算结束了。

二、Cluster 簇变形器

动画制作中经常用的变形器还有 Cluster 簇变形器。下面我们通过实例讲解来一步步剖析簇变形器。

新建一个场景，创建一个 Polygon 的小球 Sphere。命名为 a。

在球上点击右键，在弹出的菜单中选择 Vertex，进入点模式，任意选择一些点，点击 Create Deformers—Cluster。

这时我们会发现，生成了一个 c 一样的控制手柄（见图 4-8），移动和旋转这个手柄就会带动刚才创建变形时选择的那些点运动。这一点很像是对这些点进行了一个快速选择。

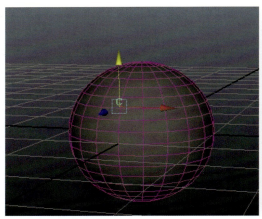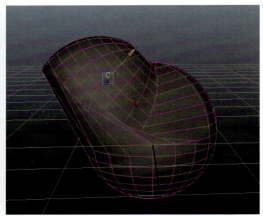

图 4-8

选择簇变形手柄，在它的通道盒面板中的属性值全部为 0，这样，移动、旋转这个手柄后，可以通过将移动旋转属性值调为 0 就能恢复到原始状态，这样对点的控制就更加容易了。

现在这个 c 状的控制手柄是可以替换掉的，因为这个手柄属于 Deformer，所以在选择上不被优先选择。在绑定中，如果用到了簇变形，因为这个手柄不容易被选到的原因，所以一般再重新创建一个控制器，把它替换掉。操作如下：

首先创建一个控制器，点击 Create—Locator，命名为 b，建立组，为组命名为 G_b（之所以建立组，是因为如果不建立组的话，那么移动 Locator 会改变它的属性值。建立组后，移动它的组到所要摆放的控制器的位置，这样 Locator 本身不会带属性值，带着属性值的控制器是绝对不能存在的，在调动画的时候，带属性值的控制器不能归到原位置，就会改变 bindpose 的姿势）。移动组到想要的摆放控制器的位置。

选择簇变形器的控制手柄，ctrl＋a 打开它的属性面板，在面板中找到 Cluster1HandleShape 标签，在它的 Shape 节点上操作。

找到 Weight Node ，点开后有个文本框，在文本框中输入 b。

这个时候，在 Outliner 面板中选中 Cluster1Handle 做一下运动，我们会发现不起作用了。调节 Locator 的位置，模型上的点会跟着做运动。

如果在创建的时候，选点选少了怎么办？这就需要一个编辑簇成员的工具 Edit Membership Tool。这个工具可以添加和去除所要影响的点。

还可以用笔刷工具 Paint Set Membership Tool 绘制簇成员。

选择 Cluster 的变形对象，点击 Create—Deformers—Paint Set Membership Tool，这时会发现模型变成了橙色，变亮的点是簇的成员，用笔刷可以添加没有成为成员的点，按住 ctrl 再刷，就会将已经是成员的点去除掉（见图 4-9）。

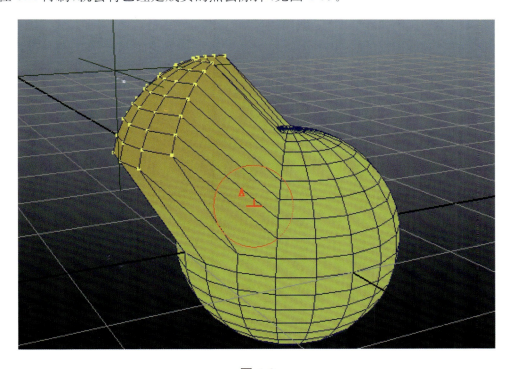

图 4-9

对 Cluster 簇变形操作中，还有一个比较常用的属性设置，就是在它的 Cluster 节点中的 Relative 属性。

选中 Cluster，加选被控制的模型，按 p 键，成为模型物体的子物体。这个时候移动旋转模型会发现被设置上了 Cluster 的地方出现了变形，这是因为这片区域收到了双重控制。模型本身的移动对这片区域的点造成了位移，因为 Cluster 本身是模型的子物体，也会跟随着运动，它的运动导致了所控制点的位置再次移动，所以移动的是双倍的位移。

选中簇，ctrl+a打开属性面板，这时候出现了三个标签，Cluster1Handle，Cluster1Handleshape 和 Cluster1。选中 Cluster1 标签，在下面第一个 Cluster Attribute 的下面有一个 Relative 属性，默认是没有被点选上的，这样，它只计算 Cluster 所作出的动作响应，Cluster 运动，它所控制的点就会跟着运动。当被点选上以后，它计算的是 Cluster 和它所在的父物体两个物体的影响，因此就不只是单纯地移动所控制的点了。所以点选以后，再次运动模型，就不会出现之前的变形了。

第二节　约束的创建及应用

约束命令实现的效果就是用一个物体去控制另一个物体，和父子关系不同的是，父子关系层级之间的操作，子物体可以自由地运动，并且子物体不会根据父物体的运动而改变它的属性值，父物体的改变是对子物体所在的空间坐标系的改变。而约束命令不同，它只是通过一个物体的中心点的位置来控制另一个物体中心点的位置，所被控制的物体不再拥有自由的空间，只能跟随着控制物体做相应的运动，并且属性值会跟着作相应的变化。

约束命令有以下几种：

（1）Point　点约束。将一个物体的位置捕捉到一个或者多个物体的位置上。只是对它的位置做出约束，父物体的旋转等其他的操作对被控制物体无影响，其用途非常广泛。

（2）Aim　目标约束。控制物体的方向，使被控制物体总是指向目标物体。这个约束用得非常广泛，最经典的用途就是对眼睛的控制。

（3）Orient　旋转约束或者说是方向约束。控制约束对象的旋转，使其所面对的方向和角度总是和控制物体保持一致。动画的绑定中常用来校正旋转，规范旋转轴的方向。

（4）Scale　缩放约束。控制约束对象的比例和约束物体保持一致。这个约束用到的相对要少许多，在大多数的情况下，缩放的控制不是依靠这个约束来进行的，而是通过属性的连接，直接将一个物体的缩放属性连接到被控制物体的缩放属性，这样能节省一个节点的计算量。

（5）Parent　父子约束。相当于是 Point 约束和 Orient 约束的和，控制了被约束物体的位移和旋转。

（6）Geometry　几何体约束。将被约束物体的位置限定在约束物体的表面，常用到的一般是 nurbs 物体、polygon 物体和 curve 曲线物体。

（7）Normal　法线约束。用几何体表面的法线控制约束对象的方向，使其与几何体的法线方向一致。

（8）Tangent　切线约束。用曲线的切线控制约束对象的方向，使约束对象总是指向曲线的切线的方向。

（9）Pole vector　极向量约束。这个约束应用范围受到极大的限制，只能控制受到 rpIK 的骨骼链的方向。但是它却是骨骼绑定中几乎必须用到的约束。在骨骼的反动力学绑定中几乎是必须的。

下面对重点的约束命令进行讲解。

一、Point 约束

首先知道约束的位置。在 Animation 模块下。找到 Constrain，如图 4-10。

图 4-10

点击 Point 后面的小方块，打开 Point 面板，如图 4-11。

这个是默认下的设置，在最上面有个 Edit 和 Help。一般用的是 Edit 下面的 Reste

Settings。点击后会将 Point 设置恢复到默认的设置。

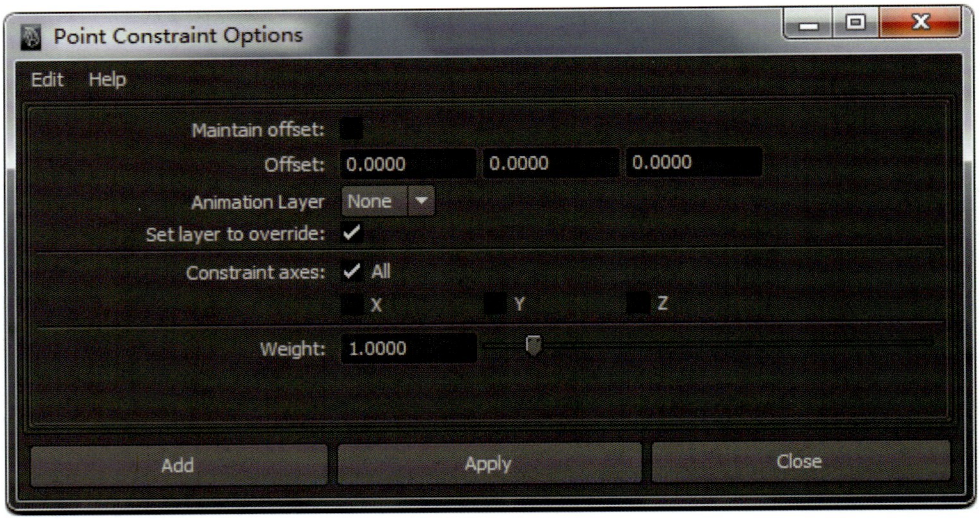

图 4-11

第一行是 Maintain offset，保持偏移。点选了这个选项执行 Point 约束后，被约束物体还是保持原先的位置不变，在原先的位置上再受到约束物体的控制。如果没有点选。执行 Point 约束后，被约束物体就会移动到约束物体所在的中心点上。两个物体的中心点重合。

下面三行分别是 Offset，Animation Layer，Set layer to override，这三项保持默认即可。

Constraint axes 是控制的轴向。选择 All，表示被控制物体的 X，Y，Z 三个轴向的位置都受到控制；点选了下面的 X，Y，Z 中的一个和一个 All 项都被取消，表示控制的是所被点选的轴向的位置。

Weight 是创建后的默认权重值，是对被约束物体的影响程度。

执行 Point 约束：

首先选择约束物体，按住 shift 加选被约束物体，点击 Point 约束命令，这时在被约束物体的子层级下就创建了一个 Point 约束节点。这个时候移动一下约束物体，被约束物体就会跟着移动。但是旋转没有变化。

选中下面的约束节点，在通道盒面板中会出现五个属性，最后一个属性是约束物体的名字后面跟着一个 W0，这个属性是约束物体的权重值，表示对被约束物体的控制强度。

重建一个场景，创建三个物体，分别命名为 a，b，c。三个物体分开，分别在不同的位置。选中 a 和 b 加选 c 执行 Point 约束。在默认的设置下，c 会移动到 a 和 b 的中间位置。移动一下 a 或者 b 的任何一个,会发现 c 的移动位置是 a 或者 b 的一半,因为 c 同时在受到 a、b 两个物体的共同影响,它的位移始终是 a、b 两物体移动之和除以 2。如果是多个,就依此类推。

在 c 下面找到它的约束节点,选择它后,在通道和面板中就显示了六项属性,除了固定的属性 Node state,OffsetX,OffsetY,OffsetZ 外,在下面出现了它的两个约束物体 a W0 和 b W1。如果将任何一个的数值调为 0,那么被约束物体就只受另外一个约束物体的控制。如果两个属性都为 0,那么约束物体将失去作用。这样的属性经常应用在骨骼绑定的控制切换中。

Orient 约束、Parent 约束和 Point 约束基本一样。只是 Point 约束控制的是位置,Orient 约束控制的是方向,而 Parent 约束等于两者之和。

二、Aim 约束

了解 Aim 约束,首先需要了解一个物体的轴向怎么识别。创建一个新场景。

创建一个 Sphere。点击 Display—Transform Display—Local rotation axes 显示物体自身的旋转轴。如图 4-12 所示显示了它的 X,Y,Z 三个正向轴的方向。当旋转物体的时候,物体的轴向也是跟随着移动的。或者说正是旋转轴的旋转方向的变化带动了物体的旋转。

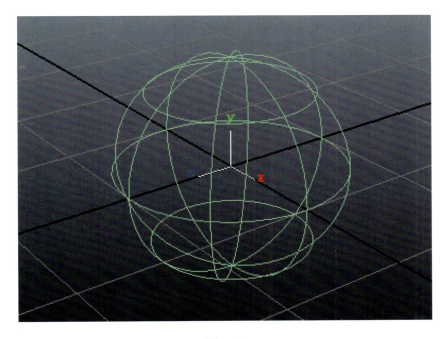

图 4-12

Aim 约束就是通过控制物体自身旋转轴的朝向来控制物体的旋转。这是 Aim 约束和 Orient 约束的本质区别。

首先点击 Constrain—Aim 后面的小方块，打开 Aim 面板，看一下它有什么样的属性设置。如图 4-13 所示。

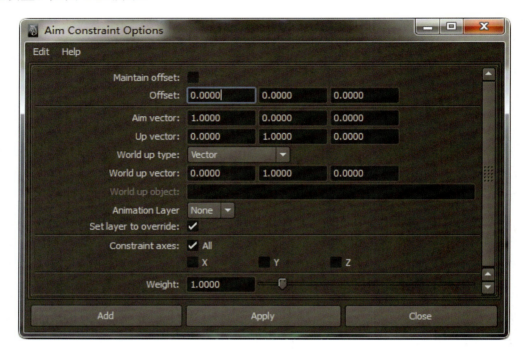

图 4-13

第一行，Maintain offset 和之前讲过的一样，点选上，被约束物体的旋转保持不变。没有点选，创建的时候，被约束物体的轴向会朝向设置的旋转，朝向目标物体。

第二行，Offset，是旋转的偏移值。分别是 X,Y,Z 三个轴向的数值。

第三行，Aim vector，是选择朝向目标体的轴向，如果选择了 X 为 1（就是第一个数值为 1）其他数值都为 0，表示创建约束后，被约束物体的 X 轴完全朝向目标物体。

第四行，Up vector，是选择向上方向的轴向，如果选择了 Y 为 1（就是第二个数值为 1）其他数值都为 0，表示创建约束后，被约束物体的 Y 轴朝向向上方向（在默认的设置下，向上方向是指场景的世界坐标系的 Y 轴的正方向）。

这三个数值是一个矩阵，相当于处在世界坐标系的一个向量的值，用这个向量的单位向量表示了它的轴向的方向和影响的强度。

第五行，World Up type 是世界坐标向上的轴向。Aim 约束是用 Aim vector 和 Up vector 两个约束对象一起做的约束。Aim vector 定义的目标就是约束物体，而 Up vector 定义的目标是通过这个选项来定义的。选项中有 Scene up、Object up、Object rotation up、Vector 和 None 选项。

- Scene up　场景向上，约束对象的方向尽可能地与场景的向上方向一致，选择此项后，下面的选项显示为灰色，表示不可用，系统默认场景的向上方向为 Y 轴。
- Object up　物体向上，约束对象的 Up vector 尽可能地指向一个物体，用来定义约束对象的 Up vector 的物体被称为 World up object，选中此项后，下面的 World up object 变亮，表示可用。在下面的 World up object 输入作为向上轴向指向物体的物体名称。这个选项是经常要用到的。在第二模块之后，若角色绑定的时候，用到的 Aim 约束几乎全部都是这种方式的约束。这种方式的约束便于控制，很少有差错的产生。
- Object rotation up　物体方向上，选中这个选项，下面的 World up object 也是亮的，说明可以输入物体名称。这个与之前的 Object up 稍微有所不同，相当于被约束物体的 Up 轴向被 World up object 的物体对约束物体的向上的轴向做了一个 Orient 约束，用这个物体的向上轴向控制了约束物体的向上轴向。
- Vector　向量，约束对象的 Aim vector 尽可能地指向一个指定的方向，这个方向用一个向量来描述，这个向量被称为 World up vector，这个是系统默认的定义向上轴的方式。

下面的几个属性是通用的，和其他的约束设置是一样的。

在 Aim 约束中，Aim vector 要优先于 Up vector，当 Aim vector 和 Up vector 不在垂直方向上的时候，优先对准 Aim 方向，然后再大致的对准 Up 方向。

当多个目标对一个物体生成 Aim 约束的时候，在节点下会产生对应数量的属性来控制它们的权重的大小。

下面比较重要的还有 Pole vector 极向量约束，这个约束因为要配合着骨骼的反向动力学使用，所以放在那个板块共同讲解。

第三节　骨骼控制系统的认识初步

这一个板块具体讲解骨骼的基础知识和具体的用法。

一、创建骨骼

首先点击 Skeleton—Joint Tool。用这个工具来创建骨骼，先在场景中随便地创建一个骨骼链，如图 4-14 所示。骨骼只是一个形式体，本身不能被渲染。

在创建的时候，骨关节的轴向会自动地对齐下面所创建的骨骼的方向。那么骨骼的轴向是怎样的呢？属性又如何呢？下面让我们结合它的创建面板来了解一下。

点击 Skeleton—Joint Tool 后面的小方块，打开 Joint 创建面板，如图 4-15 所示。

图 4-14

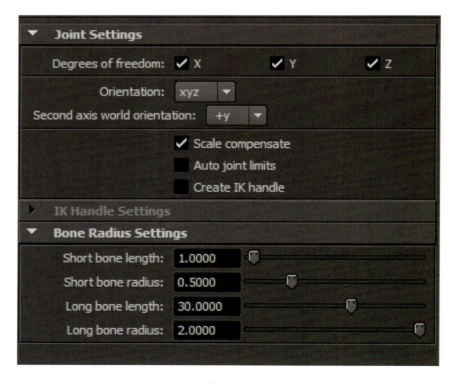

图 4-15

- Degrees of freedom 自由度。这个选项是用来设置骨骼的哪个轴向是自由的，哪个轴向是锁定的，默认设置下，三个轴向都能自由的旋转。
- Orientation 方向。此项是创建骨骼时候骨骼的局部的自身坐标方向。六个不同的轴向和一个 none，none 表示局部坐标轴的方向和世界坐标一致（见图 4-13）。

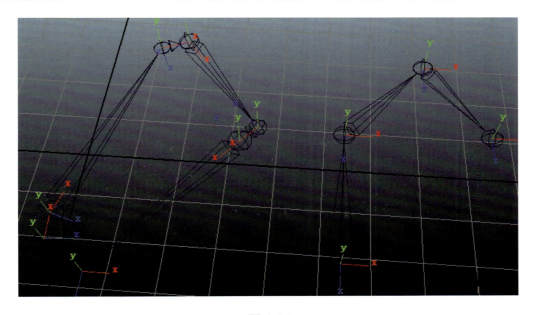

图 4-16

这两个是分别用了默认的 xyz 创建的骨骼和 none 创建的骨骼，左边的 X 轴始终朝向骨骼伸长的方向，而右边的用 none 方式创建的骨骼，不论骨骼如何弯曲，方向轴始终和世界坐标系的方向一致。

下面来介绍一下这六种轴向的区别。下面的一个属性是 Second axis world orientation，这个属性是上面的 Orientation 属性的 xyz 或者 yzx 等方式的第二个轴的方向。例如 xyz，如果 Second axis world orientation 的属性是＋y，那么骨骼的 Y 轴尽可能地靠近场景的 Y 轴，至于第三个轴就是朝向前两个轴所形成的面的右边（第二个轴为上，第一个轴为前）。

再往下有三个属性：Scale compensate 为缩放补偿，Auto joint limits 为自动限制关节，Create IK handle 为创建 IK 手柄。

- Scale compensate 缩放补偿。这个属性被点选上，当缩放父关节的时候，子关节保持原先的位置，不会像其他的父子关系那样同时发生缩放。

创建后的骨骼还可以通过骨骼属性面板的 Segent scale compensate 选择打开还是关闭。

如图 4-17 中创建了一个骨骼链,复制了两个。复制的第一个是缩放补偿点选上的(图 4-17 中的第二个),第二个是没有被点选的(图 4-17 中的第三个),选择父骨骼,缩放值都调为 2.5,出现的不同效果,图 4-17 所示是默认设置下缩放补偿被点选上的。

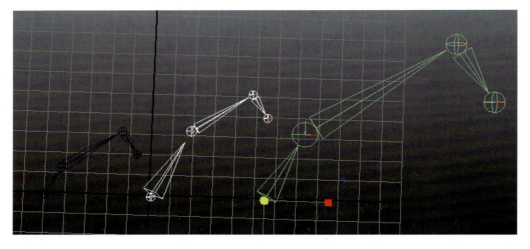

图 4-17

- Auto joint limits　自动限制关节。勾选此项,Maya 会根据创建骨骼的方位,自动限制关节的旋转。
- Create IK handle　创建 IK 手柄。

创建一个骨骼链时,同时创建一个 IK 手柄,手柄始终作用于关节链。IK 意思为反向动力学,通过控制底部骨骼的手柄,可以调节整个骨骼链的运动。正向动力学是通过调节父关节来控制子关节,二者正好是相反的关系。

默认下不要创建,想要创建的时候会有单独的创建工具,放在下一节讲述。

最后出现的是一组属性,分别是 Short bone length 短骨骼长度,Short bone radius 短骨骼半径,Long bone length 长骨骼长度,Long bone radius 长骨骼半径。这些只是骨骼的显示问题,没有太大作用,如图 4-14 所示,就有了短骨骼和长骨骼之分。

二、修改骨骼

(一)骨骼位置的调整

骨骼的位置调整有两种形式:一种调节方式是普通的移动,这样调整的结果是调整的子关节的骨骼全部跟着做移动。另一种调节方式是只调整骨骼链中的某一个骨骼的位置。

选中骨骼,按键盘上的 insert 键,移动工具的方向箭头将会消失,只出现像是坐标轴一样的手柄,用这个手柄移动骨骼,就会发现只有这一节骨骼移动,子骨骼位置不变。

(二)骨骼旋转轴的调整

骨骼的旋转在绑定当中很重要,不恰当的局部坐标轴会带来很大的麻烦。

调节的方法有两种,一种是手动调节,另一种是用工具整体地重建骨骼的局部坐标轴。

1. 手动调整

第一步,先选择一个骨骼,点击如图 4-18 所示的位置,将问号点选上,右键点击问号会弹出三个选项,将第一个选项 Local rotation axes 点选上。

图 4-18

这个时候选择的骨骼就会出现它的旋转轴,如图 4-19 所示。

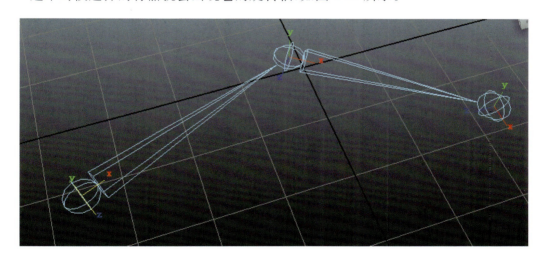

图 4-19

这个时候就能选择上这些旋转轴,用旋转工具(快捷键 e)就可以对它进行调整了。用表达式就是 rotate －r 90　0　0,这个表达式是旋转 X 轴 90°。

2. 工具调整

选择骨骼,点击 Skeleton—Orient Joint 后面的小方块,打开工具的设置面板,如图 4-20 所示。

这个面板的前面两项属性和创建骨骼的时候是一样的,就是整体的规范一下旋转轴的旋转。在倒数第二个设置中有个 Hierarchy，其后面的选项是 Orient child joints，意思是这个设置对它的子骨骼同时有效。

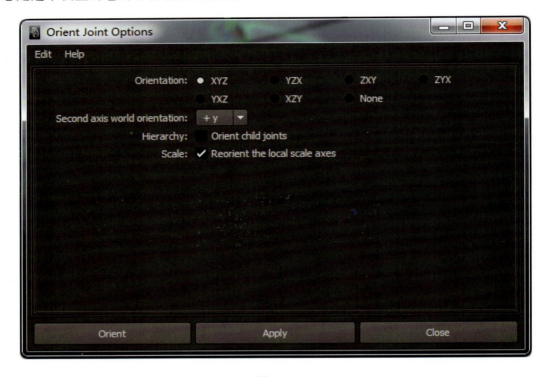

图 4-20

三、镜像骨骼

镜像骨骼相当于是复制出对称的骨骼，以一个平面为对称平面，成左右对称地复制出另一边，镜像骨骼在绑定中是非常有用的。在绑定当中，通常只是创建出一边的骨骼，然后通过镜像工具镜像出另一边的骨骼。

镜像出的骨骼包含了原始骨骼的所有方面，包括共同的父子关节、关节属性、IK 手柄等。

镜像是以它所在的坐标系进行镜像的。首先来了解一下镜像骨骼工具 Mirror Joint。

点击 Skeleton—Mirror joint 后面的小方块，打开工具设置面板如图 4-21 所示。

Mirror across 是制定镜像的平面。

后面的三个选项 xy，yz，xz 正好是由三个轴中的两个轴组成的一个平面，镜像的操作就是沿着这个平面镜像出另一边。

Mirror function 制定镜像骨骼方向与原骨骼的方向关系：Behavior 所镜像出来的骨

骼与原骨骼的方向相反,Orientation 镜像出来的骨骼与原骨骼的方向相同,如图 4-22 表现出来的区别。

图 4-21

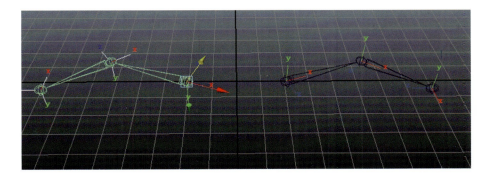

(a) 采用 Behavior 方式镜像出的骨骼的旋转轴方向

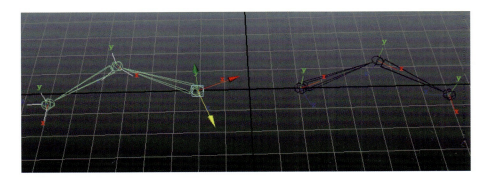

(b) 采用 Orientation 方式镜像出的骨骼的旋转轴方向

图 4-22

旋转轴的方向在绑定骨骼中是非常重要的，从上面的两种方式的镜像效果中我们可以看出，它们彼此有非常大的不同，在绑定中一般采用的是第一种的 Behavior 方式。

在 Mirror function 下面有一个命名的设置，这个很像 Modify—Search and Replace Names 工具。Search for 后面输入的是需要替换的名字的字符，Replace with 后面是将要被替换的名字的字符。这样为左手臂的骨骼镜像右手臂骨骼的时候，就直接在 Search for 后面输入左手臂骨骼名字中的_L_，Replace with 后面输入_R_（前提是左手臂的骨骼名称中包含_L_字符）就能快速地为右手臂重命名了。

还有一个重要的问题，就是如何控制骨骼的镜像位置。有些人在镜像骨骼的时候发现镜像出来的骨骼并没有按照世界坐标系成对称关系，或者说有的人不想在世界坐标系下镜像，那该怎么做呢？

骨骼的镜像是基于父骨骼所在的坐标系中镜像的，并不是说一定是在世界坐标系中，如果父骨骼本身就出现在世界坐标系或者所要镜像的对称方向正好和世界坐标系一致，那么就会出现和以世界坐标系镜像出来的骨骼一样。

如图 4-23 所示创建一个骨骼链。

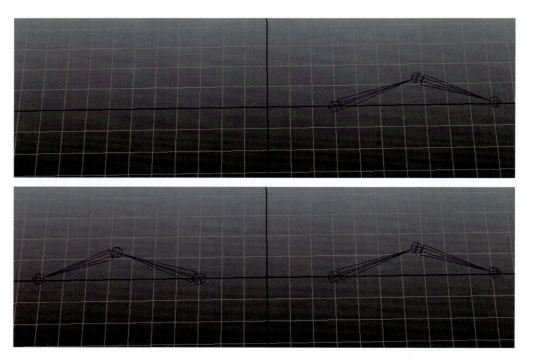

图 4-23

如果在左边骨骼前面加上一个骨骼，还是镜像那个骨骼链会出现另一种情况。如

图 4-24 所示。这是因为就图 4-23 而言，镜像骨骼的坐标系处在世界坐标系中，所以按照世界坐标系来镜像，在图 4-24 中，镜像的骨骼是顶端骨骼的子物体，它所处坐标系的原点位于顶端骨骼的位置。所以镜像的时候，是以它自身的坐标系来镜像。

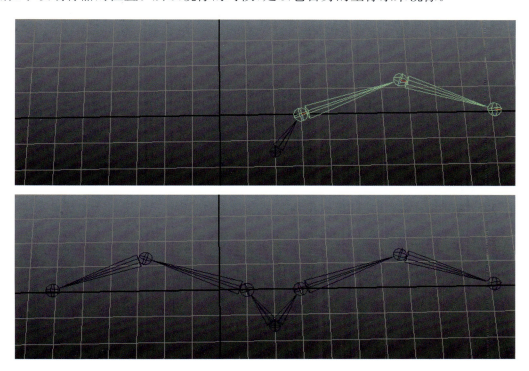

图 4-24

四、骨骼的显示

骨骼有一个显示方式的属性 Draw style。选择骨骼 ctrl＋a 打开属性面板，如图 4-25 所示。

在这里可以改变骨骼的显示方式，默认下是 Bone，也可以根据需要改变为其他类型。

骨骼有时候感觉显示得太大，很影响创建骨骼时的位置。如果选中骨骼调节它的 Radius 属性的话，这么多的骨骼会是一件很辛苦的工作。还有一个选项是可以整体地控制骨骼显示大小的。那就是 Display—Joint size 选项，点击后会弹出一个小窗口，在这个窗口中就可以整体按比例地进行调节骨骼显示的大小了（见图 4-26）。

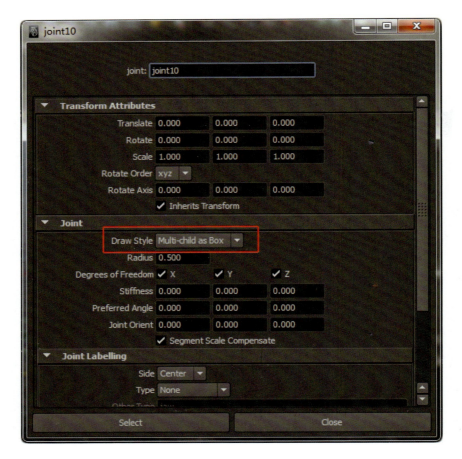

图 4-25

图 4-26

五、正向动力学骨骼和反向动力学骨骼(FK 与 IK)

骨骼的控制可以采用两种方式进行，正向动力学控制和反向动力学控制。

正向动力学骨骼是指通过父层级的骨骼控制子层级的骨骼的运动，一般来说，角色动画中只有旋转，除非特别情况。反向动力学骨骼正好相反，通过运动子骨骼来控制整个骨骼链的运动,一般情况下,反向动力学骨骼是不能实现的,移动子骨骼只能改变它本身以及它的子骨骼。这就需要一个工具,IK handle。在骨骼链之间创建一个 IK 手柄工具,这样就能通过子骨骼所带有的 IK 手柄来控制整个骨骼链了。

正向动力学骨骼和反向动力学骨骼应用在什么地方呢?

正向动力学骨骼产生的效果一般是一系列的圆弧运动,这样的效果一般实现在手臂的甩动等地方。

反向动力学骨骼是以 IK 手柄的位移来实现的动画,所以一般在推箱子或者是出拳打人的时候能用得到。这种直来直去的效果,用正向动力学骨骼很难做到。

在本书的讲解中,会讲解到 IK 与 FK 的无缝转换,这样在动画中就能很容易用同一套绑定骨骼实现两种操作的交替进行。

(一)创建 IK

创建一个骨骼链(大于三个骨骼),点击 Skeleton—IK Handle Tool 后面的小方块,打开设置面板。如图 4-27 所示。

图 4-27

第一项 Current solver 为当前的解算器,默认下有两个选项,一个是 iksCSolver 单链 IK 解算器,另一项是 ikRPsolver 旋转平面 IK 解算器。

一般在创建手臂骨骼等多骨骼的时候用到的是 ikRPsolver 旋转平面 IK 解算器。在创建脚弓等处的单骨骼的时候有时用到 iksCSolver 单链 IK 解算器。

下面选择 ikRPsolver 旋转平面 IK 解算器创建,这时候的鼠标指针是一个十字形。在顶端骨骼点击一下,在末端骨骼点击一下,IK 手柄就创建出来了(见图 4-28)。

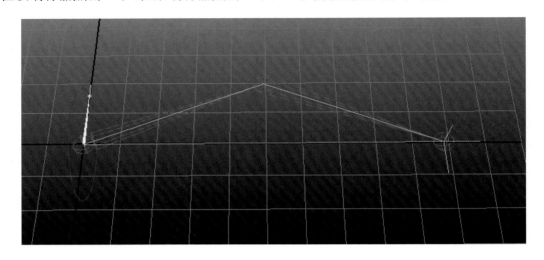

图 4-28

现在移动末端骨骼的 IK 手柄,整条骨骼链都会跟着运动。这个运动其实是 IK 手柄之间的那两个骨骼的旋转形成的,这两个骨骼通过时刻不停地旋转一定的角度,来达到手柄所处的位置要求。这个计算就是由解算器来实现的。

选中 IK 手柄,在通道盒面板中除了基本的位移旋转属性外,还多了很多的属性,其中用得比较多的是 Twist 属性和 IKblend 属性。

Twist 属性控制着整个 IK 链的旋转偏移,确切地说是旋转。IKblend 则是控制了 IK 手柄是否起作用,当为 0 的时候失去作用,而为 1 的时候起作用。

Pole vector 的三项属性和 Twist 效果差不多,但是具体的不是用这三个属性,而是通过一个极向量约束来控制这三个属性,从而控制骨骼的运动,这就是上一节约束中遗留下来的问题。

创建一个 locator,命名为 loc_pole。建立组,为组命名为 G_loc_pole,移动组到第二节骨骼的位置,然后移动到骨骼链突出部分的后面,选择 locator 加选 IK 手柄,点击 constraint—pole vector 执行极向量约束。这时会出现一条线到 locator 上,这条线是向量线,它是由通道盒面板中的三个 pole vector 属性控制,这个极向量约束就是对这个向量的约束(图 4-29)。

移动 locator 就会发现骨骼突出的部分始终指向 locator,这样就能模拟出手臂的肘部指向了。

有时在创建 IK 手柄的时候会发现骨骼不弯曲,这是因为创建 IK 的骨骼是直的,没有弯曲的地方。这样,解算器就不能知道该定义哪个方向是向量的正方向了。这是使用

IK 时的限制。如果模型的手臂很直（一般情况下最好是用直的手臂模型），又不想故意弯曲一下骨骼，该怎么创建呢？这就需要设定一个优先旋转角。这样，解算器就把这个方向的旋转作 IK 弯曲时优先的旋转角度。

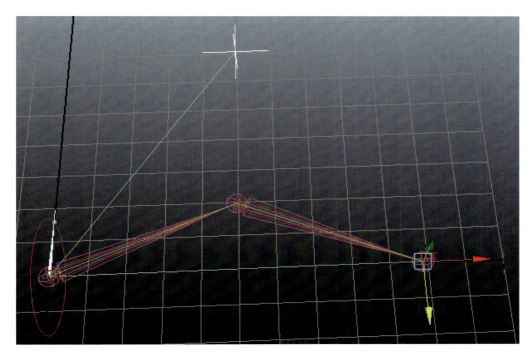

图 4-29

设置优先旋转角。

选中骨骼的第二节骨骼，在想要旋转的方向上旋转一个角度。在骨骼处点击右键，在弹出的菜单中选择 Set preferred angle。这样就能解决问题了。

（二）线性 IK（Spline IK）

线性 IK 是另一种控制骨骼的方式。这种方式是用一条曲线来控制骨骼的姿势。在制作尾巴、脖子、脊柱和蛇等长长的能弯曲的东西的时候经常要用到。通过控制曲线上的点来控制骨骼的运动姿势。

下面通过一步一步的创建来了解线性 IK 的用法。

首先创建一个骨骼链。

点击 Skeleton—IK Spline Handle Tool 后面的小方块，打开设置面板。弹出如下默认设置窗口（见图 4-30）。

在 Tool Setting 面板中，有九项设置，分别如图 4-30 所示。

● Root on curve 根关节锁定曲线。线性 IK 手柄的始关节被限制在曲线上，拖动手柄的 Offset 属性可以沿着曲线滑动 IK 始关节（及其子关节），关闭此项 Offset 属性失效，这个时候骨骼链的始关节可以被移动脱离曲线。

图 4-30

如果这一项被点选了，那么移动这个骨骼链只需要移动曲线即可。如果没有被点选，需要移动曲线和始关节才能移动这个骨骼链。

● Auto creat root axis 自动创建根关节轴。这一项只有在 Root on curve 没有被点选的情况下才可以选择，这一项被点选上和不点选的区别只是相当于为曲线和骨骼创建一个组，建立了一个父节点。

● Auto parent curve 自动设置曲线层级。这一项是对曲线的层级关系进行的调整，如果想要创建线性 IK 的骨骼链在一个物体的子层级里面，那么创建线性 IK 后，生成的曲线会自动成为它的子物体，和创建 IK 的骨骼链处于同一层级关系。

这一项的选择和没有选择的差别在于是否将曲线放在了创建 IK 骨骼链的同一层级，如果是没有点选，则只需要选择骨骼链的父物体，按 p 键即可实现点选后的效果。

先介绍 Auto create curve 这一项。此项是自动创建曲线工具，它被点选后，用线性 IK 工具在骨骼链的始端和末端点击后会自动创建出一条曲线和骨骼链重合，并控制骨骼链。没有点选上的时候，不会自动创建曲线。在创建时，点选了始端骨骼和末端骨骼后还要再点选之前创建的曲线，这样就能自己定义一个控制骨骼链的曲线了。

• Snap curve to root　曲线锁定根关节。这一项在 Auto create curve 关闭时才可以使用，Auto create curve 关闭后，需要创建一个骨骼链和曲线，想要用曲线控制骨骼就必须让曲线和骨骼处在相同的位置。这个命令定义了是曲线移动到骨骼所在的位置，还是骨骼移动的曲线所在的位置。当这一项被点选上的时候，创建后，曲线的起点就会捕捉到骨骼链的始端骨骼，关节链中的关节旋转以匹配曲线的形状。如果关闭，那么那个骨骼的始端骨骼会捕捉到曲线的起点。

• Auto simplify curve　自动简化曲线。这一项是只有在 Auto create curve 打开的时候才起作用的命令。这一项可以设置生成的控制曲线的段数，关闭这一项，生成曲线的分段与 IK 链的关节数一致，若打开此项，就可以按下面的数值简化曲线。

在绑定脊柱的骨骼中，这一项尽量不要点选上，因为这个设置简化了曲线的段数，使得骨骼的位置不一定就会和生成的曲线弯曲度相同，这样骨骼的关节会自动地捕捉到曲线上，改变了骨骼的形状。如果没有点选此项，生成的曲线会按照骨骼链的形状自动生成相一致的曲线。骨骼链的形状并不改变。

观察图 4-31，这是创建的两套相同的骨骼链，会发现两段的骨骼都在 Grid 网的点

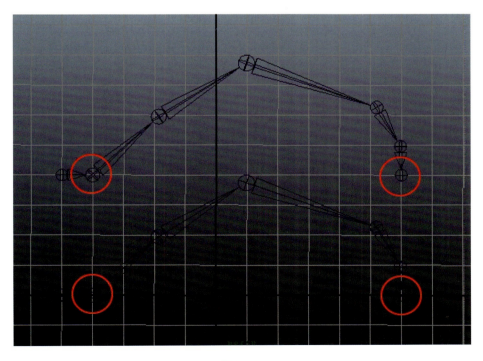

图 4-31

上，图 4-32 是创建了线性 IK 后的骨骼链，其中，上面的骨骼链 Auto simplify curve 被点选上，值为 1。下面的骨骼是 Auto simplify curve 没有被点选上的骨骼链。显然，两者是有差别的。

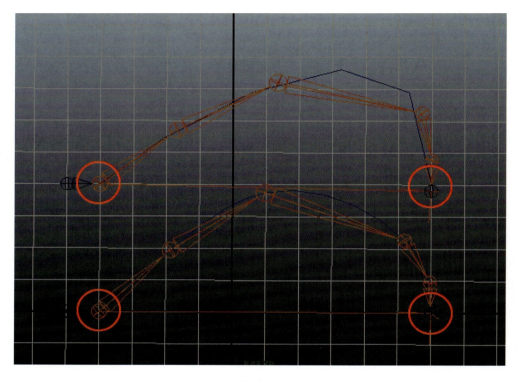

图 4-32

在 Auto simplify curve 被点选上的时候，末端骨骼的位置发生了移动，并且形状也发生了一些变形，而没有被点选的则保持原来的位置不变。

（三）操控 IK 链

创建了 IK 链，如何使用它呢？

IK 链有两个比较重要的属性，分别是 Twist 和 Roll。

这两个属性都是用于控制骨骼链的 X 轴向上的旋转。Twist 控制了从末端骨骼的旋转，末端骨骼不动，中间的骨骼按照比例旋转成平滑过渡。这个属性可以用在上臂的扭曲上。Roll 的旋转是对整体的 X 轴向上的旋转。

选中 IK 手柄，按 t 键会出现两个圆环，分别在始端骨骼和末端骨骼，这两环的旋转就是对 Twist 和 Roll 的旋转控制。

IK 链的移动是通过 IK 链生成的那条曲线，该曲线控制了 IK 链的大多数属性，移动旋转曲线能够对整个 IK 链进行控制,移动曲线的点,IK 链也会跟随着曲线的变形而变形。在骨骼的绑定中,大多数的用法是对曲线上的点添加一个 Cluster 变形,为点创建一个可操控的手柄,通过点来实现对整个 IK 链的控制。

六、蒙皮操作基础知识

创建完骨骼后要做的是对角色的蒙皮设置,蒙皮就是将模型和骨骼进行连接,用骨骼来控制模型的变形。

蒙皮一般有柔性蒙皮和刚性蒙皮两种,有时候用到晶格或者包裹变形来实现间接蒙皮。

一般情况下,柔性蒙皮使用较多,在后面的角色绑定制作讲解中我们也是针对柔性蒙皮进行的。

(一) Smooth Skinning 柔性蒙皮

创建一个 Polygon 的 Cube 模型,设置它的 Depth 的值为 8,Subdivisions depth 为 8。在模型中间创建三个骨骼,如图 4-33 所示。

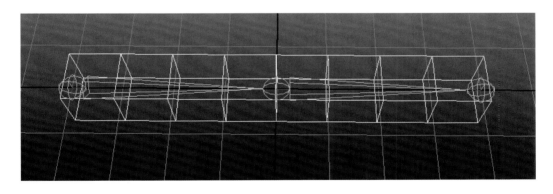

图 4-33

点击 Skin—Bind Skin —Smooth Bind 后面的小方块,打开设置面板,如图 4-34 所示。

第一行,Bind to,这是一个绑定对骨骼的选择上的设置,它的第一个选项是 Joint hierarchy,选择这个选项后,蒙皮后模型受到影响的骨骼包括:选中的骨骼和选中骨骼下面层级的所有骨骼。

Bind to 的第二项是 Selected joints,这个选项是对选中的骨骼进行的蒙皮,其他的骨骼不对模型产生蒙皮效果。

第二行,Bind method,为绑定的方式。Closest in hierarchy,这个是基于骨骼的层级关系设置关节的影响。Closest distance,是基于蒙皮点到关节的距离设置关节的影响范围。

下面的两行是 Maya 2011 才有的设置，之前的版本不存在。Normalize Weights 有三个选项，默认的是 Post。这个选项绑定出来的蒙皮点的权重之和要大于 1，第二个是 Interactive，这个绑定出来的蒙皮点的权重之和等于 1。一般选择 Interactive。

图 4-34

Max influences 是影响蒙皮点的最多的关节数。

Dropoff rate 为衰减率，设置每个关节对蒙皮点的影响随着点到关节的距离增加而减少的速率。

恢复到默认的设置。

选择模型加选始端骨骼，点击创建蒙皮，默认设置下，是对层级下的所有骨骼都带有影响，所以每个骨骼都控制了模型上的距骨骼最近的点。

这时，旋转骨骼，模型就会跟着做相应的弯曲（见图 4-35）。

（二）修改权重

修改蒙皮有两种方法：一种是通过 Component Editor 对点进行逐个的修改，另一种就是用笔刷来刷权重。这和变形器等式是一样的。

下面介绍如何用 Component Editor 修改权重。

选择蒙皮模型上的点，点击 Window—General Editors—Component Editor，打开面板（见图 4-36）。

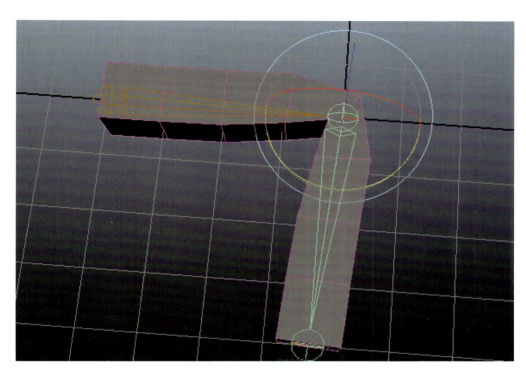

图 4-35

图 4-36

在上面的标签里选择 Smooth Skins。左边竖着的 vtx[4]，vtx[6]，vtx[8]等是选中的点的名字。Hold 是对权重是否锁定的选择，锁定权重后，更改其他骨骼对该点的影响值不会改变被锁定了权重的骨骼对给点的值的大小。否则会改变一个骨骼对该点的影响，为了能够使得所有骨骼对该点的影响值的总和等于1，会把调整过的权重值的大小均分给其他相应的骨骼或影响体。

下面的数值，是横着的名称所代表的骨骼对竖排的点的影响权重。调整数值，就可以调整权重的大小。

接下来介绍使用 Paint Skin Weights Tool 画权重。

选择皮肤，点击 Skin—Edit Smooth Skin 后面的方块，这时模型变成黑色和白色，在 Maya 2011 中加入了颜色的设置，可以通过不同的颜色来表示不同权重值的大小。在以黑白表示的时候，黑色代表无，数值表示为 0；白色代表有，数值表示为 1。小数值表现出来就是灰色，表示的是对模型权重的"有"的多少（见图 4-37）。

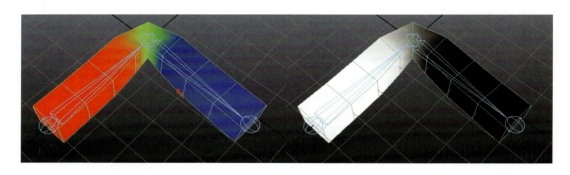

图 4-37

笔刷的大小可以调整 Radius（U）和 Radius（L），或者按住 B 键，拖动鼠标改变大小（见图 4-38）。

关于 Maya 的基础知识我们就先介绍到这里。在下面将要介绍的实际角色绑定中，我们还会进一步去了解修改权重更深层次的应用。

图 4-38

第五章

躯干的绑定

第一节 腰部绑定的基本原理

我们已经大致地认识了关于动画的一些常用板块，为了进一步掌握这些板块，我们以一个具体的模型来讲解具体的应用，让这些命令在实际应用中得到灵活的使用。

先打开 Maya。这里我们用 Maya 2011 最新版本作为讲解的软件，以便对那些使用新版本的用户能够很快地找到命令的所在位置。其实，Maya 的版本问题不是很重要的，用不着一定要去使用更新的版本。关于绑定，Maya 2011 和以前的版本没什么太大的变化。

首先来讲解一下腰部的绑定原理。此绑定常规的方法一般是用 IK Spine Handle 来进行的腰部绑定，这次我打算用另外一种方法来讲解，即用 Hair 来进行腰部的绑定。

创建一个 Locator，在 Create-Locator（见图 5-1），复制两个，并将这两个成为第一个的子物体，分别命名为 pos_spine01_monster，aim_spine01_monster，up_spine01_monster（见图 5-2）。

图 5-2 所示的面板是在 Window-Hypergraph Hierachy 中，这个面板和 Outline 是差不多的，你也可以用 Outline 面板。

接着对 pos_spine01_monster 进行复制两次。分别命名 pos_spine02_monster，aim_spine02_monster，up_spine02_monster 为一组。pos_spine03_monster，aim_spine03_monster，up_spine03_monster 为另一组。暂时不动。

然后创建骨骼。我们用 Skeleton—Joint Tool 来创建骨骼。按住 x 键，在坐标位置为（0 0 2.5）（分别代表 x y z 轴向位置）的位置创建骨骼，继续单击，在（0 0 2）的位置创建，按 Enter 键结束创建。在（0 0 0）处创建一个骨骼，在位置（0 0 −2.5），和（0 0 −2）的位置创建骨骼结束。分别给第一组骨骼到第三组骨骼命名为 cj_spine01_monster，end_spine01_monster，cj_spine02_monster，end_spine03_monster，cj_spine03_monster（如图 5-3 所示）。

第五章 躯干的绑定

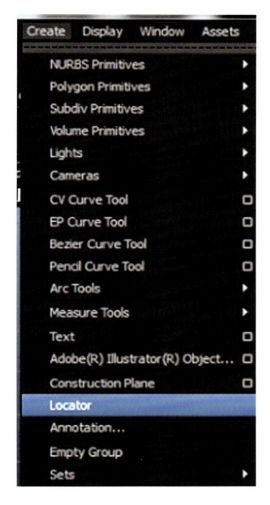

图 5-1

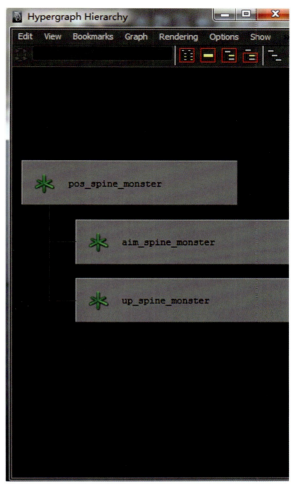

图 5-2

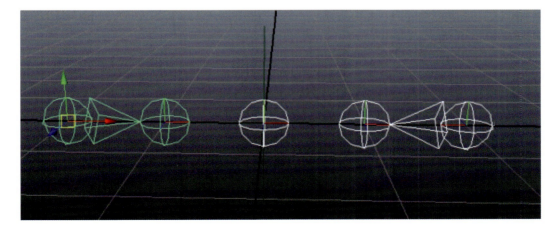

图 5-3

再把 pos_spine01_monster 按住 v 键,点对齐到 cj_spine01_monster,把 pos_spine03_monster 按住 v 键,点对齐到 cj_spine03_monster,pos_spine02_monster 和 cj_spine02_monster 都在原点位置,已经对齐。

把骨骼 cj_spine01_monster 父子给 pos_spine01_monster 下面的 aim_spine01_monster,让它成为 aim_spine01_monster 的子物体。同样的方法操作于 cj_spine02_monster 和 cj_spine03_monster。这样,移动 pos_spine01_monster,对应的所有的 Locator 和骨骼都会移动,并且属性栏里面的数值没有改变。这时你会发现处在相同位置的子物体的移动属性值全部为 0。这是因为,在没有父子关系的时候,所有的物体在世界坐标里面,其属性栏的移动、旋转等属性全是基于世界坐标的值,而当成为另一个物体的子物体的时候,所处的坐标就会发生变化,属性栏的数值显示的是以父物体为原点构成的另外一个坐标系,以此类推再下一级的子物体。

现在做好了控制骨骼和 Locator 的层级关系,再来制作每一组之间的相互联系,目的就是让它们能够相互影响,在改变一个物体的时候,另一个物体能发生相应的变化,就像腰部,当胸部往前倾的时候,腰部中间位置就会跟着向前倾。在我们的制作里,spine01 相当于与胸部相接的骨骼,spine03 相当于与盆骨相接的骨骼,中间的 spine02 是用来对腹部进行次级控制的骨骼,这个 spine02 在跟随着 spine01 和 spine03 运动的同时,仍然可以再进行手动的操控。

下一步我们就要让 spine01 的方向始终朝向 spine03,spine03 始终朝向 spine01 骨骼,而 spine02 的位置在没有次级控制它的时候,始终处于 spine01 和 spine03 中间。

第一步,我们选中三组的前缀为 Up 的 Locator,都向上移动 2 个单位。这个 Up 的 Locator 是作为它们的向上轴向的控制物体。

第二步,选中 pos_spine01_monster,再按住 shift,加选 aim_spine03_monster,点击 Constrain—Aim 后面的小方块,打开它的属性面板,如图 5-4 所示。

这里更改一下 World up type,把它改为 object up,在 World up object 后面的文本栏里面写上 up_spine03_monster。因为 pos_spine01_monster 在 aim_spine03_monster 的 X 轴的正方向上,所以在 aim vector 后面保持 X 轴为 1,Y 轴为 0,Z 轴为 0 不变。这样 aim_spine03_monster 的 X 轴指向 pos_spine01_monster,Y 轴指向 up_spine03_monster,就可以用 pos_spine01_monster,up_spine03_monster 来控制 aim_spine03_monster 的 x 和 y 的指向了。按 add 确认执行。

第三步,用同样的方法,让 pos_spine03_monster 对 aim_spine01_monster 进行 aim 约束。注意把 Aim vector 的 X 轴改为 −1,因为 pos_spine03_monster 在 aim_spine01_monster 的 X 轴的负方向上。World up object 后的名字改为 up_spine01_monster。

第四步，让 pos_spine01_monster 对 aim_spine02_monster 进行 aim 约束。注意把 aim vectorX 轴改为 1，World up object 后的名字改为 up_spine02_monster。

图 5-4

第五步，依次选择 pos_spine01_monster，pos_spine03_monster 和 pos_spine02_monster，点击 Constrain—Aim 后面的小方块，打开面板，在左上角 Edit 下点击 Reset Settings，用默认的设置就行了，点击 Add 执行 Point 约束。

第六步，依次选择 up_spine01_monster，up_spine03_monster，up_spine02_monster，执行依次 point 约束。

现在试一试移动或旋转前缀是 Pos 的 Locator，是不是一个很棒的跟随效果了。

这里做的只是控制骨骼的设置，下一步我们来制作应用于对角色蒙皮的 jnt 骨骼的设置。

第一步，在保持 Create—Nurbs Primitives—Interactivecreation 没有被点选的前提下，点击 Create—Nurbs Primitives—Plane 后面的小方块，打开属性面板（见图 5-5）。默认设置下，将 Axis 保持为 y，Width 改为 5，Upatches 改为 5。创建 Nurbs 平面。这时就会出现一个 u 方向上有 5 段，且 X 轴的长度为 5 的一个面片。给它命名为 plane_spine_manster。

第二步，选择 cj_spine01_monster，cj_spine02_monster，cj_spine03_monster 三个骨

骼，再按住 shift，加选 plane_spine_manster，点击 Skin—Bind skin—Smooth bind 后的小方框快，打开属性面板，把 Bind to 选择为 Selected joints。只让选择的骨骼对面片蒙皮。点击 Apply(见图 5-6)。

图 5-5

图 5-6

第三步，调节权重。为了方便调节，我们先把 pos_spine01_monster 旋转 90°。在 Surface 板块下，点击 Edite Surface—Rebuild Surface，按照图 5-7 进行设置，重建面片。

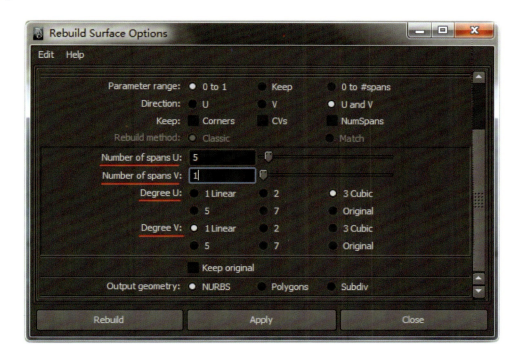

图 5-7

这时面片上的点就不再像刚才一样冗杂。点击 Window—General Editcrs—Component Editor，打开一个面板，选择到 Smoo Skin 板块。把 cj_spine02_monster 往上拉出一段距离，选择面片上的点，通过调整影响骨骼的权重。如图 5-8 所示，已经调节到一个理想的状态。

第四步，选择面片，选择 Dynamics 板块，点击 Hair—Create hair 后面的小方块，打开属性面板，按照图 5-9 所示的属性进行调节。点击 Apply 执行。

这时就会在面片上创建了毛囊。我们的目的就是让 joint 骨骼父子给毛囊，这样骨骼就会跟着毛囊运动，而毛囊是跟着面片移动的，所以骨骼就能完成均匀地拉伸扭曲变形了。

打开 Hypergragh 面板或者 Outline 面板，我们会发现刚才创建毛发的时候创建了一些东西，如图 5-10 所示。在这里面我们只需要面片和毛囊，所以把曲线和 hairSyste1 都删掉就可以了。为毛囊命名，分别为 Follicle_spine01_monster、Follicle_spine02_monster、Follicle_spine03_monster、Follicle_spine04_monster、Follicle_spine05_monster。

图 5-8

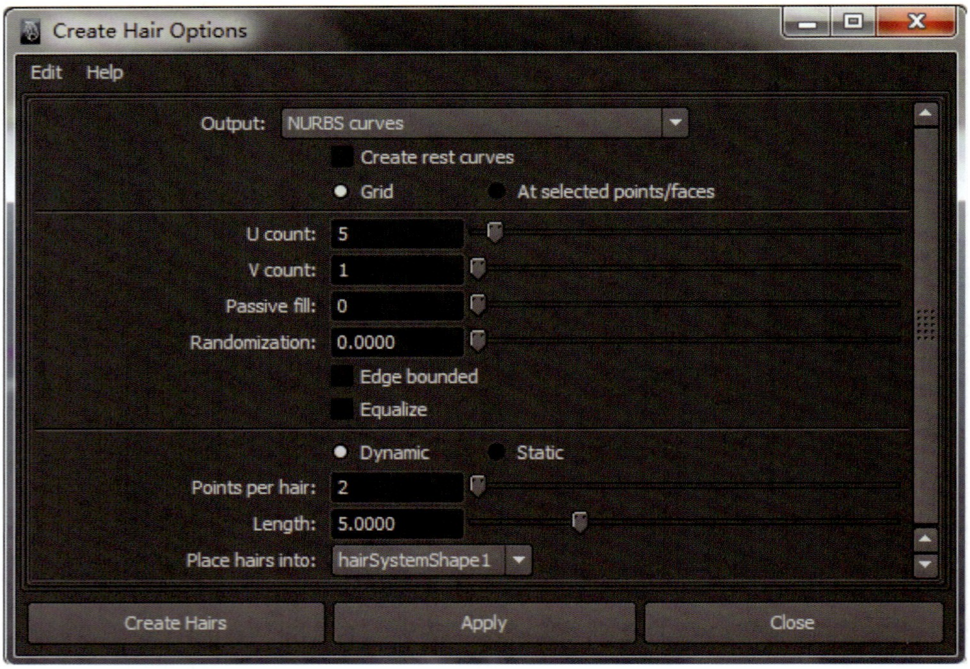

图 5-9

第五步，建立一个骨骼，复制成 5 个。分别命名为 jnt_spine01_monster，jnt_spine02_monster，jnt_spine03_monster，jnt_spine04_monster，jnt_spine05_monster。并把它们按照序号父子给毛囊，并将骨骼的移动属性改为 0，骨骼就会分别移动到所对应的毛囊

第五章 躯干的绑定

的位置，如图 5-11 所示。

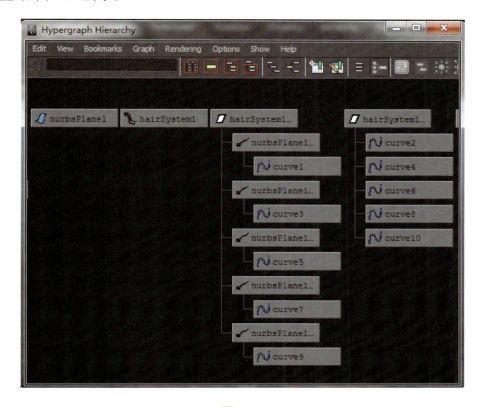

图 5-10

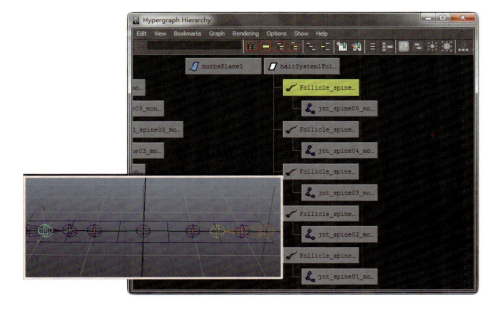

图 5-11

腰部绑定的基本思路就是这样。然后，再来整理一下层级，把三组 loc 创建一个组，命名为 G_loc_spine_monster。源文件储存在配套光盘的 charactar-animRigging02.ma 中。

第二节　腰部的绑定

我们已经了解了腰部的绑定原理，下面我们就用实际的例子来进行腰部的绑定。刚才命名的时候大家已经看到，我们所用的命名方法还是比较正规的，为的就是可以直接把刚才制作的这个东西直接用到模型的腰部上去。所以如果为了方便的话，我们可以起一个比较好找到并进行更改的名字，等到需要用到的时候直接导入场景，然后改名字直接用就行了。好了，现在我们来看看在实际场景中如何使用先前制作的绑定。

首先，我们可以直接打开 charactar－animRigging02.ma 这个场景，然后点击 file—import，选择配套光盘 charactar－animRigging01.ma。当然，也可以反过来。先打开 charactar-animRigging01.ma，再导入 charactar-animRigging02.ma 是一样的。导入后我们发现模型很大，那么可以选择之前 Locator 的那个组，通过移动、缩放、旋转，把这个腰部的绑定放到模型腰部的位置如图 5-12。

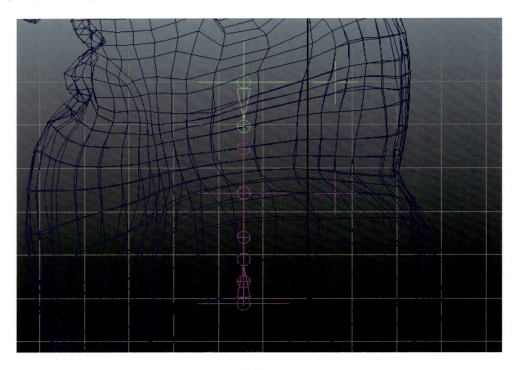

图 5-12

这样的话，腰部的控制就到位了。下一步要做的就是对它进行控制的控制器的制作。

第一步，先创建一个 nurbs 圆环，保持坐标原点位置为零，然后用 ctrl＋g 建立组。给圆环和组命名。cc_bottom_spine_monster 和 G_cc_bottom_spine_monster。移动组吸附到腰部的最下面的骨骼 Locator 上去。缩放圆环的组，放大到合适的位置。同样地，在上面也制作一个控制器，为圆环和组分别起名为 cc_top_spine_monster 和 G_cc_top_spine_monster，可以通过对圆环点的调节来改变圆环的形状等。

为什么说要移动和缩放的是组呢？因为当建立了组后，圆环的位置属性里显示的是以这个组所形成的一个坐标空间，所有的数值都是基于圆环和组的位置变化，并不是说是对于整个世界坐标的数值，移动组的时候，圆环和组是一同移动的，所以相对的位置不会发生变化，当然数值就不会改变。

这样做有什么好处呢？这样做能保持圆环的属性值为 0，在以后的调动画等工作中，归零后就会使得骨骼模型全部归于初始位置，便于调节控制，如果没有这样做的话，那么当调节了动画，想要让它回归初始位置时是很难办到的。

对于控制器的控制暂不做设置，在后面我们将会讲到。

为什么要制作这个控制器呢？那是因为在调制动画的时候便于选择，控制器在模型外面，易于选择，而 Locator 那么小并且还在模型内，调动画不方便。还有一个原因就是在调动画的时候，很多动画师的习惯是认为选择模式只能选择曲线。那么 k 帧的时候只要圈选一下，所有的控制器都被选中，直接 k 帧，极大地节省了时间。

第二步，是来制作腰部中间的控制器。这样，就能控制腰部的扭动。

和上一步一样，建立一个圆环并创建组，命名分别为 cc_mid_spine_monster 和 G_cc_mid_spine_monster。把 G_cc_mid_spine_monster 这个组放到中间的 aim_spine01_monster 的 Locator 下面，成为它的子物体，并把 G_cc_mid_spine_monster 这个组的位移值改为 0，把那个中间的骨骼放到 cc_mid_spine_monster 圆环的子层级里。层级关系如图 5-13 所示。

第三步，制作胸骨。在腹部骨骼上面的那个 Locator 附近按住 v 键，吸附创建一个骨骼，这样子创建的骨骼就会吸附到 locator 那个点上了，然后在胸部中间偏上、约在手臂中间的位置继续创建一个骨骼，再在脖子的根部创建一个骨骼，按 enter 键结束，再次点击创建骨骼按钮，按住 v 键，在刚才创建的第二个骨骼的位置点击一下，把创建的骨骼吸附到那个骨骼的点上，在锁骨处再点击一次，依次命名为 jnt_chest01_monster、jnt_chest02_A_monster、jnt_neck01_monster、jnt_chest02_B_monster、end_chest02_monster，顺序不要错。这就是你建立骨骼的顺序，把骨骼和名字对准。选择 jnt_chest02

_B_monster，shift 加选 jnt_chest02_A_monster，按 p 键，父子给 jnt_chest02_A_monster。骨骼位置及层级关系如图 5-4 所示。

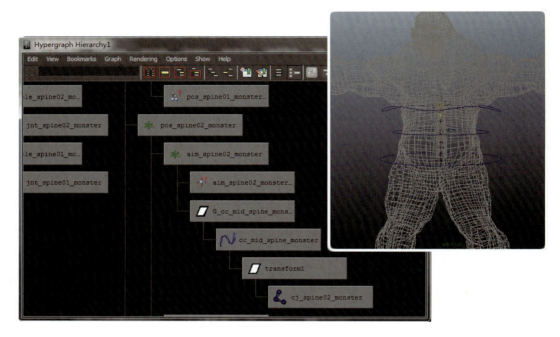

图 5-13

图 5-14

现在，我们来解释一下为什么还要创建一个让 jnt_hest02_A_monster 成为 jnt_chest02_B_monster 父物体。因为像刚才创建的时候，jnt_chest02_A_monster 这个骨骼旋转的时候，nd_chest02_monster 和 jnt_neck01_monster 这两个骨骼形成的角度是不能变的，人在扭动的时候肯定不会只有那一个角度不动，这个模型是向前趴着头的，当他直立的时候锁骨不可能抬得很高，所以我们需要对锁骨的旋转进行控制。因此要再制作一个可以控制的骨骼放在 jnt_chest02_A_monster 的相同的位置，就能控制这个中间所形成的角度了。

选择刚创建的所有骨骼，点击 Display—Transform Display—LocalRotation Axes，显示骨骼的旋转轴，选中旋转轴可以对它的旋转轴进行旋转，以此来达到我们想要的旋转效果，如图 5-15 所示。

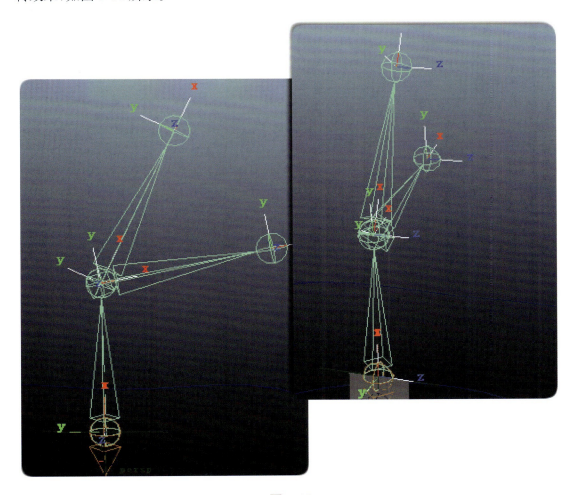

图 5-15

第四步，再说角度。我们来制作胸骨的旋转。当抬头的时候，我们让胸骨旋转值为脖子根部旋转值的一半，让锁骨与脖子和腹部的位置不至于偏差太大而出现不想出现的错误。

首先，常规地打开 Window—Rendering Edits—Hypershade 这个面板，来对节点进行操作。在图 5-16 左边的一栏里找到乘除节点，点击创建，如图 5-16 所示。

图 5-16

有时候点击了，并没有依次出现所建立的这个节点，那么点击 Graph 下的 Add Selected to Graph，这样就会把这个节点显示出来，为它命名 MD_chest01_monster。选中 jnt_chest02_A_monster 和 jnt_chest02_B_monster，骨骼按照刚才显示乘除节点的方法把两个骨骼导进 Graph 里面。点击 Window—General Editors—Connection Editors，打开连接面板，选中 jnt_chest02_A_monster，点击 reload left；选择 MD_chest01_monster，点击 Reload Right。在左边一栏中找到 Rotate，在右边一栏中找到 input1，分别点选，这样两个属性就连接起来了。如此，用 jnt_chest02_A_monster 的 Rotate 属性就能控制 MD_chest01_monster 的 input1 的属性。但是它的 input1 的属性就不能自由改变了，只能靠 jnt_chest02_A_monster 的旋转属性来控制。把 MD_chest01_monster 放到 Connection Editor 的 Outputs 栏里，把 jnt_chest02_B_monster 放到 Inputs 栏里，用同样的方法把 MD_chest01_monster 的 Output 属性和 jnt_chest02_B_monster 的 Rotate 属性相连。如图 5-17 所示，用来控制 jnt_chest02_B_monster 的旋转属性。点击 MD_chest01_monster，打开它的属性面板，input2 改成−0.5，如图 5-18 所示。

这时候在旋转一下 jnt_chest02_A_monster，你就会发现 jnt_chest02_B_monster 并没有像以前一样跟随着 jnt_chest02_A_monster 原角度的旋转了。然后再做的一步就是选中 jnt_chest02_A_monster，选中它的 RotateX 和 RotateY，按右键选择 Lock Selected，如图 5-19 所示，这样就只能旋转 Z 轴了。

图 5-17

图 5-18

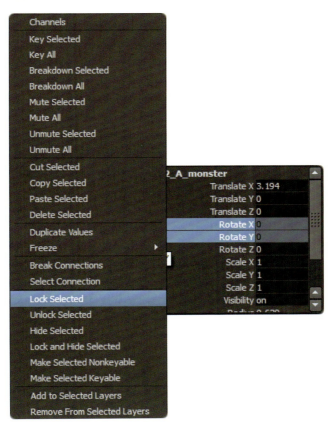

图 5-19

第五步，利用控制器对胸部骨骼进行控制。首先在坐标原点位置创建一个 polygon 的方盒子，作为胸部骨骼的父物体，把它命名为 cube_chest01_monster，并按住 v 键，把它移动到胸部第一节骨骼上来。选择胸部第一节骨骼 jnt_chest01_monster，再 shift 加选方盒子 cube_chest01_monster，按 p 键。选择控制器 cc_top_spine_monster，再 shift 加选方盒子 cube_chest01_monster。点击 Animation 模块下的 Constrain—Parent 后面的小方块，打开父子约束的属性面板，选择默认即可，点击进行父子约束。这样控制器就能控制骨骼移动的旋转了。然后选择 cube_chest01_monster 和腰部上端的 pos_spine01_monster 的 locator，进行父子约束（Constrain—Parent），使得腰部的上端跟随着胸部骨骼移动。

打开 Connection editor 面板和 Hypershade 面板，创建一个 Cmultiply Divide 节点，并添加到面板中，选择 cube_chest01_monster 和 cj_spine01_monster 这个腰部上端的部分控制骨骼，点击 Hypershade 面板里的 Graph—add selected to Graph，将这个物体添加到 Hypershade 面板里。为 multiply Divide 节点命名为 MD_chest01_monster，把 cube_chest01_monster 的 Rotate 和 Input1 连接。选择 MD_chest01_monster，ctrl＋a 打开属性面板，把 input2 的值分别设为 1，1，－1。然后把 MD_chest01_monster 的 OutputX 连接到 cj_spine01_monster 的 RotateZ 上，把 outputZ 连接到 cj_spine01_monster 的 RotateY 上。完成后，可以来移动旋转一下控制器，看看是否正常控制。在今后的制作中，要根据所创建的骨骼的旋转来设置，仔细品味一下这些复杂的步骤，做到熟练运用，理解其中的原理，最后的节点网络如图 5-20 所示。

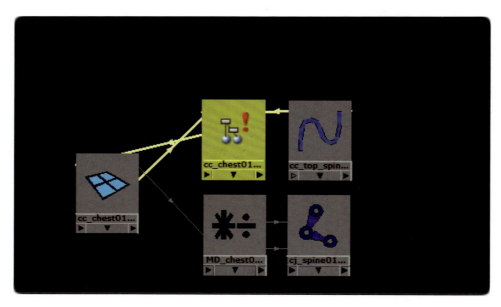

图 5-20

第六步,创建盆骨的骨骼。在制作盆骨的时候,不像前述真实的骨骼那样复杂,只要能够模拟出盆骨的效果就好。按照图 5-21 所示,建立两个骨骼,分别为之命名:jnt_pengu01_monster,end_pengu01_monster。创建一个 polygon 的方盒子,和制作胸骨一样,按住 v 键,移动到 jnt_pengu01_monster 上,命名为 cube_pengu01_monster,选择 jnt_pengu01_monster,再选择 cube_pengu01_monster,按住 p 键,把骨骼父子给方盒子。选择控制器 cc_bottom_spine_monster,对 cube_pengu01_monster 进行父子约束(连接和父子约束的方法在制作胸骨时已作过介绍。)选择 cube_pengu01_monster,再按 shift 加选 pos_spine03_monster,对它进行点约束。这样,移动控制器,盆骨和腰部的底端骨骼就会跟着移动了。

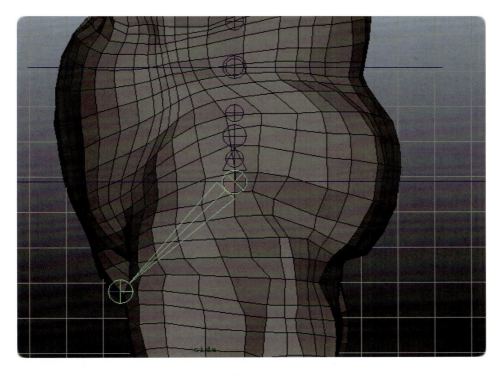

图 5-21

然后将 cc_bottom_spine_monster 的 rotateY 与 pos_spine03_monster 的 RotateX 通过 Connection editors 进行连接。打开 Hypershade,把 cc_bottom_spine_monster 和腰部的底部控制骨骼 cj_spine03_monster 添加到里面(Graph—add selected to Graph)。建立一个 Reverse 节点,命名为 reverse_pengu01_monster。将 cc_bottom_spine_monster 的 RotateX 属性连接到 reverse_pengu01_monster 的 InputX 里面,把 cc_bottom_spine_monster 的 RotateZ 属性连接到 reverse_pengu01_monster 的 InputZ 里面。然后把 reverse_pengu01_monster 的 OutputX 与 cj_spine03_monster 的 RotateZ 相连,把

reverse_pengu01_monster 的 OutputZ 与 cj_spine03_monster 的 RotateY 相连。这样,就能用控制器来控制腰部和盆骨的旋转了。在制作过程中一定要清晰,并注意骨骼和控制器的旋转轴的问题。

第三节 腰部的层级关系整理

腰部基本制作完成,胸部制作了一个大体的框架,现在有很多零碎的骨骼和 Locator 及控制器等需要不定时地进行整理。我们的目的就是看起来非常的整洁,容易找到,并且在这一部分中,我们通过层级关系,把全局缩放设置好,这样,在制作完角色后,通过缩放总控制器就能来改变整个模型和骨架的大小,方便以后我们在动画制作中把它放到需要的场景中去。

点击 Create—cv Curve Tool 后面的小方块,将 Curve degree 后面的选项选择 1 liner。这样在场景中画 cv 曲线的时候,画出来的是直线,用这个工具来绘制一个控制器,如图 5-22 所示。

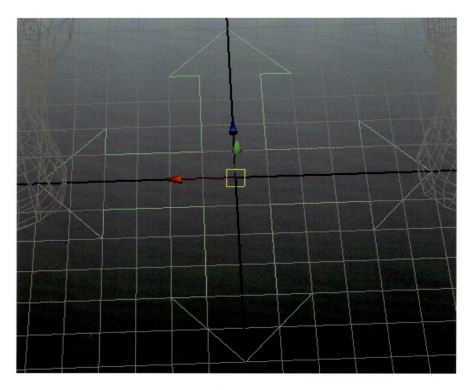

图 5-22

点击 Modify—Center Pivot，让中心点回到物体中心，按住 x 键，把控制器放到网格中心。然后点击 Modify—Freeze Transformations，对物体进行冻结（使得属性值为零），命名为 cc_monster。复制一个，然后 ctrl＋g 创建组。给组和控制器分别命名为 G_cc_body_monster 和 cc_body_monster。移动组 G_cc_body_monster 到腰部位置。先选中 G_cc_body_monster，再选中 cc_monster，按住 p 键，把身体控制器的组设置成为总控制 cc_monster 的子物体。这样身体的控制器就会受到总控制的控制了。然后用同样的方法，把腰部顶端和低端的两个控制器的组放在身体控制器的下面，成为子物体。因为中间的那个控制器的组在 aim_spine02_monster 这个 Locator 的下面，所以不能把它放到身体控制器的子物体上。而 aim_spine02_monster 是受到了顶端和低端的 Poslocator 控制的，所以中间控制器的位移和旋转属性已经被控制了，只有一个缩放属性没有被控制。为了能控制它的缩放，我们用总控制器 cc_monster 对 cc_mid_spine_monster 的最上一级父物体 pos_spine02_monster 进行连接，将总控制的缩放属性与 pos_spine02_monster 的缩放属性相连接，这样就能通过控制总控制器的缩放来控制腰部中间的控制器的缩放了。两端的 Locator 因为只受到控制器和胸部骨骼及盆骨的点约束和旋转属性的连接，并没有进行缩放上的控制，所以用同样的方法，以总控制器的缩放属性和 pos_spine01_monster、pos_spine03_monster 的缩放属性进行连接。

要知道，对一个骨骼链的第一节骨骼缩放，后面骨骼的缩放是不会改变的，所以用连接的方法和总控制器控制骨骼缩放是不行的，或者说是操作起来太麻烦。那么我们的思路是让骨骼链成为一个非骨骼物体的子物体。控制这个非骨骼的缩放属性来达到整个骨骼链的缩放。这就是为什么我们把胸部骨骼和盆骨骨骼 p 给一个方盒子。因为只有这样我们才能很好地控制它的缩放问题。

知道了思路，我们选择总控制器，再选择盆骨的方盒子 cube_pengu01_monster，把缩放属性连接上。同样地，把总控制器的缩放属性和胸骨的方盒 cube_chest01_monster 的缩放属性连接上。

现在来移动、旋转、缩放一下总控制器，看看是什么效果，是不是感觉很棒呢？

在表面上完成了全局缩放后在进行下一步。因为腰部真正的蒙皮骨骼是在腰部面片毛囊下的那五个骨骼。那五个骨骼是毛囊的子物体，面片只能控制毛囊的位移和旋转，并不能控制毛囊的缩放，所以为了完成全局缩放，就要对那五个蒙皮骨骼进行单独的设置。

我们的思路是把总控制器的缩放属性连接到那五个蒙皮骨骼上，这样缩放总控制器的时候，蒙皮骨骼也就跟着缩放。一旦思路相同，连接就很简单了。通过 Connection editor，我们把总控制器的 Scale 属性与那五个骨骼的 Scale 属性连接起来。节点连接如图5-23所示。

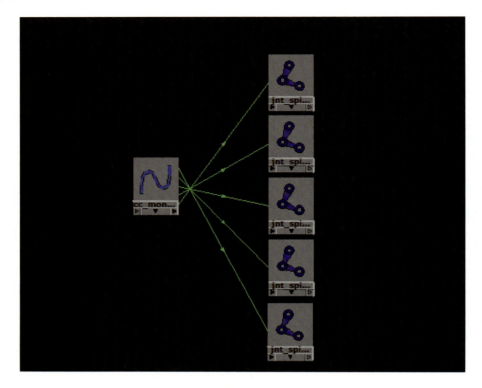

图 5-23

但是,当实现全局缩放的时候你会发现,腹部的五个骨骼并没有缩小,这个不是缩放存在的问题,而是骨骼的显示问题,如果想要使显示也跟着做相应的变化,那么就需要在上一步的基础上再进行操作。

把总控制器 cc_monster 的 ScaleY 属性和腹部的五个骨骼的 Radius 属性相连接。用控制器的 ScaleY 属性来控制它的 Radius 的变化。

至此,下一步我们便开始整理层级关系。

整理层级问题的思路就是把控制器尽量放在一起、骨骼放在一起、模型放一起,还有一些测量工具等可以专门放在一个地方。因为在绑定的时候,很多控制器已经做了父子关系了,所以单独的控制器也不是太多。骨骼不一定都是连着的,所以会出现一些单独的骨骼链,例如,出现左手臂一个骨骼链,右手臂一个骨骼链,还有腿部骨骼链等,可以在整理层级的时候创建各个组进行分类处理。

我们现在暂时分的层级关系如图 5-24 所示。

先暂时做这些,如果后面有需要的时候可以再加上。在 no_translate 里面分了很多的组,这样以后在找东西的时候就很容易找到里面是一些骨骼、面片、测量工具等,因为这些东西是受到控制器控制的,所以不用变换,就把它们专门放在一个组里。控制器专门放在一个组里,这样再做修改的时候可以很容易找到,不至于在后期物体节点多的时候要费很长时间才能找到一个错误。以后制作中也是做完每一小段的时候就整理一下,保持清洁。

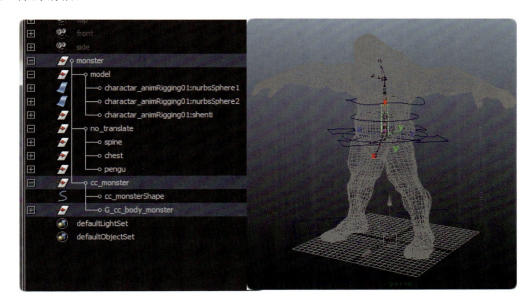

图 5-24

第四节　胸部的绑定

制作完腹部的绑定,我们继续制作胸部的绑定。这是因为模型的原因,这个模型比较写实,如果按照制作卡通角色绑定的话,显然不能把强壮的胸部表现出来,我们要做得稍微复杂一点,把胸部的运动做得更加真实一些。

第一步,先在锁骨的位置创建骨骼,在创建骨骼之前先创建一条直线,定一下骨骼的位置,选择 Create—cv Curve 后面的小方块,Curve Degree 选择 1 linear。在如图 5-25 所示的位置创建直线,选择点可以把胸部中间的点往外移动一点,因为锁骨的骨节位置不是在正中央。然后在 Surfaces 模块下,找到 Edit Curve—Rebuild Curves 后面的小方块,点击打开属性面板,将 Degree 的值设为 3,其他保持默认不变,重建曲线,这时直线就会变为三段、四个点,还有两个点在两头的中间位置,可以不用管它。选中线,点击 Display—Nurbs—Cvs,出现它的 cv 点,然后按住 v 键,在这四个点上创建骨骼。分别命名为 jnt_L_suogu01_monster,jnt_L_suogu02_monster,jnt_L_suogu03_monster,end_L_ suogu01_monster。选择四个骨骼，点击 Display—Transform display—Local rotation axes 把骨骼的旋转轴显示出来。然后只选择最后一个骨骼，点击 Animation 模块下的 Skeleton—Orient joint 后面的小方块。打开它的属性面板（见图 5-26），选择 None，点击 Orient。这时最后一个骨骼的旋转方向就和其他三个骨骼一致了。但是这样做还是不够的，我们要做的是把骨骼的旋转和真实的锁骨运动做得完全一样。

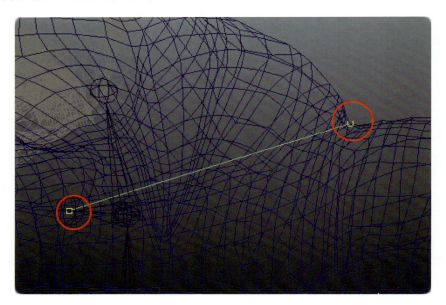

图 5-25

图 5-26

第五章 躯干的绑定

按照图 5-27,选择右键,点击问号,把 Local Rotation Axes 点选上。

图 5-27

这样就能选择骨骼子层级的旋转轴了。把相机视图改为侧视图,来调整骨骼旋转轴的方向(见图 5-28)。

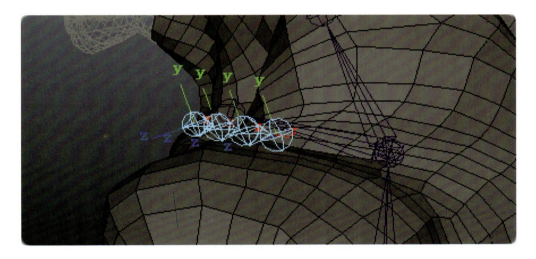

图 5-28

然后再点击刚才点击子层级的左边那个键,返回到物体层级。选中锁骨第一节骨骼,点击 Skeleton—Merror Joint 后面的小方块,打开属性面板,根据图 5-29 设置。

我们来介绍一下用法。Mirror across 后面有三个选项,选择 xy 的话就是以 XY 这两个轴形成的面来镜像骨骼,就是说 XY 轴形成的平面两侧是对称的。依次类推。yz,xz。最下面的 Search for 和 Replace with 就是查找出所镜像的物体所有带 Search for 里面的字符,替换成 Replace with 里面的字符。

为了便于理解,我们把肩胛骨和胸骨放到一起来做。把里面的思路理清楚。

在模型的肩胛骨的位置创建 cv 线,标出肩胛骨的位置,显示出线的 cv 点。在线上按住 v 键,创建骨骼,如图 5-30 所示。给骨骼命名为 jnt_L_shoulder01_monster,和 end_L_shoulder01_monster。

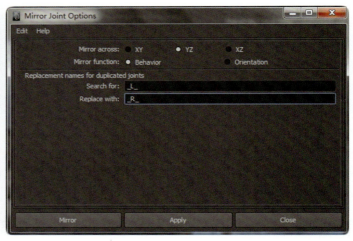

图 5-29

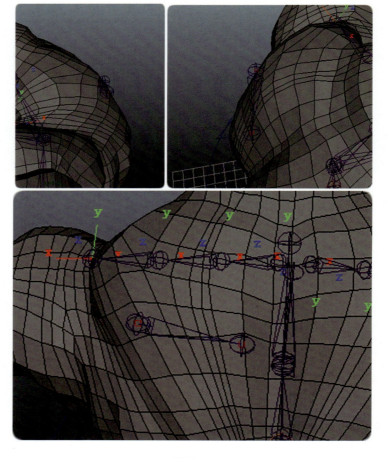

图 5-30

第五章 躯干的绑定

现在肩胛骨创建出来了,我们接下来要思考如何来为它添加控制,肩胛骨是由锁骨那一部分骨骼的带动才跟着产生运动的,但是并不是说就直接父子给锁骨就可以了,可以试一试效果,当锁骨往前伸展的时候,肩胛骨就会舒展得很过分,甚至超出身体而外延;当收缩的时候,左右两个肩胛骨又会重叠,如果蒙皮完的话,表现出来的就是肌肉交叉在一起,显然是不对的。那么我们就设定一下,让肩胛骨的运动是锁骨运动的百分之七十,当收缩时,达到一定程度就让肩胛骨停止收缩。这样,就可以开始制作这些设置了。

第一步,选中锁骨的 jnt_L_suogu01_monster,ctrl+d 复制一个,选中最后一个骨骼 end_L_suogu01_monster,再加选第一个骨骼 jnt_L_suogu01_monster,按 p 键,建立父子关系。然后把中间两个骨骼删掉,命名为 IK_L_suogu01_monster,IK_L_suogu02_monster(在操作这样的步骤时,最好在 Outline 或者在 hyperGraph 面板里面进行,这样比较方便,打开的方法就是用 Window—Outline 和 window—hyperGraph:hierarchy。熟悉两个面板的操作非常节省制作的时间。)

第二步,点击 create—locator,创建一个 locatorctrl+g,建立组并命名,分别为 locIK_L_suogu01_monster,G_locIK_L_suogu01_monster。

第三步,选择 jnt_L_suogu01_monster,加选 G_locIK_L_suogu01_monster,点击 Constrain—Point,再点击 Contrain—Orient。在进行点约束和方向约束的时候,一定要保证 Maintain ofset 后面没有被点上对号,如图 5-31 所示。

图 5-31

第四步，在 G_locIK_L_suogu01_monster 下面找到新建的两个约束节点（一个点约束，一个方向约束）删掉（见图 5-32）。

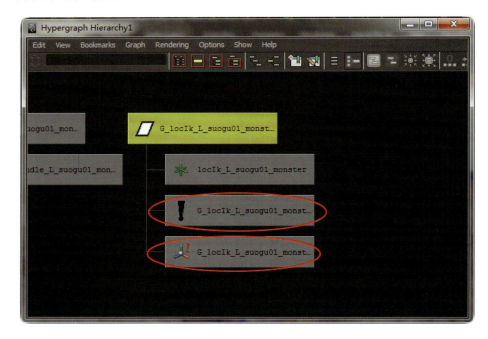

图 5-32

第五步，点击 Modify—Transformation Tools—Move Tool 后面的小方块，打开属性面板，保证 Move Axis 的属性为 Object，如图 5-33 所示，（这样才能在移动的时候是按照物体本身的轴向方向移动）。往下移动若干（这个 Locator 是用来控制 IK 骨骼旋转的）。

第六步，点击 Skeleton—IKHandle Tools 后面的小方块，打开属性面板，保证 Current Solver 的属性是 ikRPsolver，如图 5-34 所示。

在 Outline 面板中找到刚才创建的 IK 骨骼 IK_L_suogu01_monster 和 IK_L_suogu02_monster。先点击 IKHandle Tool 命令，再按住 ctrl，依次按顺序点击 IK_L_suogu01_monster 和 IK_L_suogu02_monster。在两个骨骼上创建 IKhandle，命名为 IKHandle_L_suogu01_monster，给骨骼下的 effector1 命名为 effector_L_suogu01_monster。

在创建 IKhandle 的时候可以直接点击骨骼就能创建，但是因为在场景中还有个 Jnt 骨骼是和这个 IK 骨骼的位置一样，所以很容易点错，所以就在 Outline 里操作了。还有其他方法可以实现，例如，把 Jnt 骨骼隐藏或者显示模式变为 Temp 都可以。

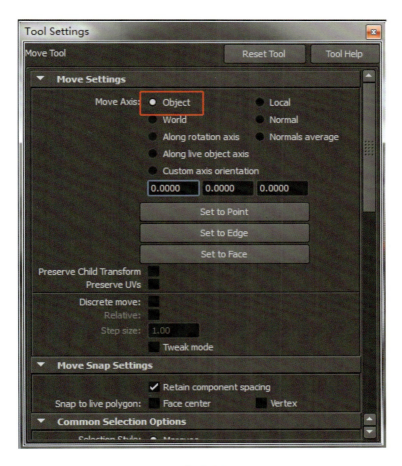

图 5-33

图 5-34

第七步，选择刚才创建的 locIK_L_suogu01_monster，再加 IKHandle_L_suogu01_monster。点击 Constrain—Pole vector 进行极向量约束，用 Locator 来控制它的旋转。可以试着移动一下 Locator，观察一下骨骼是否随着 Locator 旋转了。但是这个是不可以随便移动的，是为了控制骨骼不乱旋转，所以才把它的所有属性锁定的（选中属性栏里的属性，按右键选择 Lock Selected）。

选择 end_L_suogu01_monster，加选 kHandle_L_suogu01_monster 进行 point 约束。

按照同样的方法制作左边锁骨的设置。应该注意的是当完成 IKhandle 的制作后，点击一下 IKhandle，观察一下根骨骼处的那个三角号是指向哪个方向的。我在制作的时候是指向了 Z 轴的负方向，所以在做的时候，G_locIK_R_suogu01_monster 是按照三角的指向移动了若干距离，这样的话，骨骼的属性栏里就不会有数值，方便以后的制作（见图 5-35）。

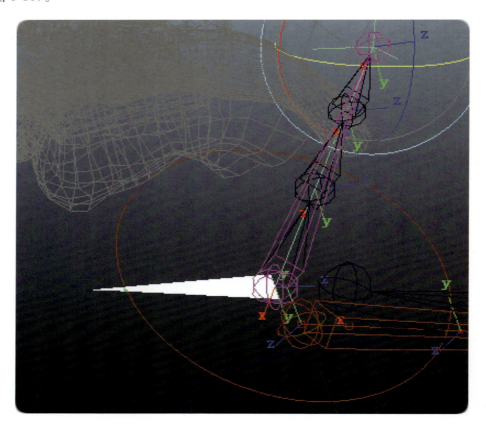

图 5-35

第八步，现在出现了两套骨骼以及极向量控制器等，为了能统一地控制，把它们放在一个物体的子层级里。

选择 jnt_L_suogu01_monster，复制一个，把新复制出来的子骨骼全部删掉，然后给这个骨骼命名为 tag_L_suogu01_monster，选择 jnt_L_suogu01_monster 和 IK_L_suogu01_monster，再加选 tag_L_suogu01_monster，按住 p 键，成为 tag_L_suogu01_monster 的子物体。然后选中 tag_L_suogu01_monster，再加选胸部骨骼 end_chest02_monster，按住 p 键，成为胸部骨骼的子物体。这样胸部做运动的时候锁骨就跟着运动了。

因为 IKHandle_L_suogu01_monster 和极向量控制器控制着骨骼的旋转，所以它本身不能随便移动旋转，要和锁骨保持一致，才能确保骨骼旋转得准确，所以极向量控制器和 IKHandle_L_suogu01_monster 要成为 tag_L_suogu01_monster 的子物体，和 jnt_L_suogu01_monster 是一个层级。

用同样的步骤来制作右边锁骨。

第九步，选中 IK_L_suogu01_monster，ctrl+d 复制一个，把 IK_L_suogu01_monster 最下面的 effector_L_suogu01_monster 删除掉，给这两个骨骼命名为 FK_L_suogu01_monster，FK_L_suogu02_monster。这两个骨骼的作用是用来控制肩胛骨运动的。

然后打开 Window—Rendering Editors—HyperShade，在这个面板中进行下面的操作：选中 FK_L_suogu01_monster，IK_L_suogu01_monster 两个骨骼，在 Graph—Add Selected to Graph 中，将骨骼添加进面板中，创建一个乘除节点，如图 5-36 所示。命名为 MD_L_suogu01_monster，把 IK_L_suogu01_monster 的 rotate 属性连接到 MD_L_

图 5-36

suogu01_monster 的 Input1 属性里，把 MD_L_suogu01_monster 的 Output 属性和 FK_L_suogu01_monster 的 Rotate 属性相连。

创建一个 Condition 节点，命名为 CNT_L_suogu01_monster，把 IK_L_suogu01_monster 的 rotate Y 的属性连接到 CNT_L_suogu01_monster 的 First Term 上，Second Term 属性为 0，在 Operation 的属性上选择 Greater Than 属性，如图 5-37 所示。

图 5-37

把 CNT_L_suogu01_monster 的 out color 属性连接到 MD_L_suogu01_monster 的 input2 上面。

这时候来选择 jnt 的那三个骨骼，旋转 Y 轴，看一下效果。

第十步，制作控制器。

创建一个 polygon 的方盒子，调整成你想要的形状，以线框显示，然后选择 Create—cv curvetool 后面小方块，打开属性面板，将 Curve Degree 选择 1 liner，按住 v 键，顺着方盒子的形状描一下边。描完后，删除方盒子就可以了。选择画出来的线框，ctrl+g 创建组，为组和线框命名为 G_cc_L_suogu01_monster，cc_L_suogu01_monster。

选择骨骼 jnt_L_suogu01_monster，加选 G_cc_L_suogu01_monster，进行 Point 约束和 Orient 约束，来规范控制器的位置和旋转，然后把约束删掉。可以点击 inert 键来调整旋转轴的位置，把旋转轴的位置放在 jnt_L_suogu01_monster 上。在制作中，我们把控制器制作的图做成如图 5-38 所示图形，然后把 cc_L_suogu01_monster 的 rotate 属性和 jnt_L_suogu01_monster，jnt_L_suogu02_monster，jnt_L_suogu03_monster 的 rotate 连接起来，用控制器来控制骨骼的旋转。

选择 cc_L_suogu01_monster，ctrl+a 打开它的属性面板，找到 Limit Information 下的 Rotate，在 y 前面的方块上点上对号，设置最小值和最大值分别为－40 和 15。这样在旋转的时候只能在这个范围内旋转。

在它的 Shape 属性里，找到 object display—Drawing overrides。把 Enable Overrides 点选上，拖动 Color 的滑杆，在下面选择一个红色，这样可以很清楚地找到控制器。

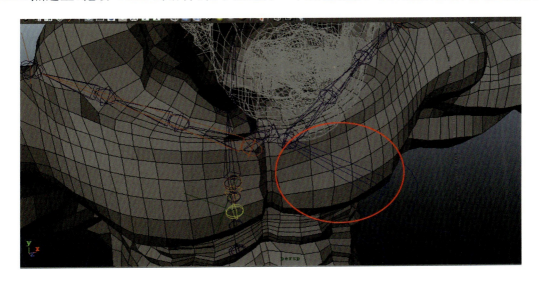

图 5-38

同样的操作，制作右面的锁骨控制器，把颜色换成黄色。

在制作右边锁骨的时候会出现一个问题，就是当 Orient 约束后，控制器的方向和左边的不对称了。选择控制器的所有的点，Z 轴缩放，这样就能改成和左边对称的样子。不能直接缩放物体的组，否则，在旋转的时候会出现错误，因为它的坐标环境发生了改变。

因为在 X 轴上我们不需要它的旋转，所以选择控制器的 Rotate X 右键点击不放，会出现一个菜单，选择 Lock and Hide Selected，锁定并隐藏。

这时还有个问题，就是 FK 骨骼的长度比 Jnt 骨骼长，这样的话，在带动肩胛骨的时候会出现不协调的状况。所以我们控制骨骼的长度，让 FK 骨骼的长度等于弯曲后 jnt 骨骼两端的距离。

第十一步，FK 缩放的制作。

点击 Create—Measure Tools—Distance Tool，在场景中点击两次，创建一个测量工具，为两个 locator 和 distance Dimension 命名。依次为 loc_dis01_L_suogu01_monster，loc_dis02_L_suogu01_monster，distance_L_suogu01_monster。

选择 jnt_L_suogu01_monster，加选 loc_dis01_L_suogu01_monster 进行 point 约束（保证 Maintain offset 没有被点上），end_L_suogu01_monster 对 loc_dis02_L_suogu01_monster 进行 point 约束。那么 distance_L_suogu01_monster 所显示的数值就是骨骼之间的长度了。

再次创建一个测量工具，为 locator 和 distance Dimension 命名，loc_dis01_L_suogu02_monster，loc_dis02_L_suogu02_monster，distance_L_suogu02_monster。选择 FK_L_suogu01_monster 对 loc_dis01_L_suogu02_monster 进行 point 约束，选择 FK_L_suogu01_monster 对 loc_dis02_L_suogu02_monster 进行 point 约束。

打开 window—rendering Editors—Hypershade，在这个面板中进行下面的操作。

选中 distance_L_suogu01_monster 和 distance_L_suogu02_monster，按一下方向键的向下箭头。这样就能选中它的 shape 节点了，点击 Hypershade 面板里面的 Graph—add selected to Graph，把两个 shape 节点添加进来。再把 FK_L_suogu01_monster 添加进来。创建一个乘除节点，命名为 MDLen_L_suogu01_monster，把 distance_L_suogu01_monsterShape 的 distance 属性输入到乘除节点的 input1X 属性上，把 distance_L_suogu02_monsterShape 的 distance 属性连接到 input2X 属性上，双击一下乘除节点，打开属性面板，把 operation 属性改成 Divide，把 output 属性连接到骨骼 FK_L_suogu01_monster 的 scaleX 属性上，这样 FK_L_suogu01_monster 的长度就会根据 jnt 骨骼的长度变化了。

用同样的方法制作右边的骨骼。

这个拉伸的方法使用到的是一个简单的数学运算，在制作卡通角色的时候，这种拉伸是经常用在手臂、腿部等地方，实现拉伸效果。熟练地运用这些节点能够做出各种有趣的效果。

第十二步，肩胛骨的控制。

创建三个 locator，分别命名为 pos_L_jianjiagu01_monster，aim_L_jianjiagu01_monster，up_L_jianjiagu01_monster，让后两个成为 pos_L_jianjiagu01_monster 的子物体，把 up_L_jianjiagu01_monster 沿着 Y 轴正方向移动若干单位。

选择 pos_L_jianjiagu01_monster，再加选 FK_L_suogu02_monster，按住 p 键，成为子物体，把 pos_L_jianjiagu01_monster 的属性归零。

再创建一个 locator，命名为 loc_aim_jianjiagu01_monster。把它父子给胸部骨骼 jnt_chest02_A_monster。成为胸部骨骼的物体，让它始终跟随着胸部骨骼移动。

选择 loc_aim_jianjiagu01_monster，加选 aim_L_jianjiagu01_monster，点击 Constrain—Aim 后面的小方块，打开属性面板。如图 5-39 所示，调整参数。

第十三步，胸腔控制器制作。

在前面制作胸部 Chest 骨骼的时候，我们没有制作控制器，现在骨骼都创建完了，就可以开始制作它的控制器了。像制作锁骨控制器一样，制作一个方盒子，调整形状描边。为控制器命名为 cc_chestOrient_monster，创建组，把组命名为 G_cc_chestOrient_monster。用骨骼 jnt_chest02_A_monster 对 G_cc_chestOrient_monster 进行 Point 约束和 Orient 约束。校正一下组的位置和方向，然后删掉约束节点，在点模式下对物体进行调整，调整控制器到合适的位置。把控制器的 rotateZ 的属性和骨骼 jnt_chest02_A_monster 的 rotateZ 的属性连接。这样胸腔的控制器就制作完成了。

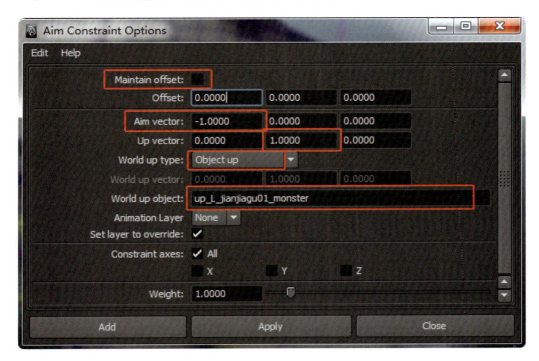

图 5-39

把锁骨的控制器数值归零，然后把肩胛骨父子给 aim_L_jianjiagu01_monster，成为子物体，让它跟随着 aim_L_jianjiagu01_monster 运动。

这样，肩胛骨的设置就完成了，用锁骨的控制器运动一下，看看肩胛骨的运动状态，是不是肩胛骨围绕着脊柱运动了。如果我们直接父子给锁骨的 FK 骨骼的话，那么当角色向前抱拢的时候，肩胛骨会向两边分开，表现在模型上就是背部撕裂了。而这几个 Locator 很好地解决了这个问题。

第五节　胸部层级的整理

现在场景中又出现了很多零碎的物体，为了整洁，也为了实现全局缩放，每隔一段时间都要整理一下层级关系，目的是方便以后的制作。

用 Cv Curve Tool 创建一个控制器，命名为 cc_chest_monster，点击 Modify—Center Pivot，按住 x 键，把控制器吸附到原点位置，再点击 modify—freeze transformations，冻结变换。再 ctrl＋g 建立组，命名为 G_cc_chest_monster，把组吸附到胸部的根部骨骼处，加选 cc_body_monster 成为 cc_body_monster 的子物体。然后选择 cc_top_spine_monster，再加选 cc_chest_monster，按住 p 键，让它成为 cc_top_spine_monster 的子物体。

选择锁骨的控制器的组 G_cc_L_suogu01_monster，G_cc_R_suogu01_monster 和胸腔控制器组 G_cc_chestOrient_monster，加选 cc_chest_monster，按住 p 键，让它们三个共同成为 cc_chest_monster 的子物体。层级关系图如图 5-40 所示。

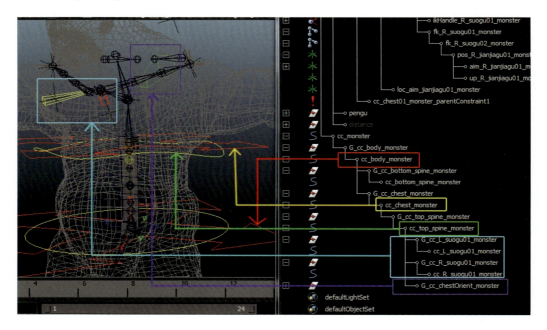

图 5-40

做到这里，我们已经实现了全局缩放，因为我们把所有能控制缩放的控制器全部放在了层级关系中，剩下的还有一些测量工具，把测量工具全部选中，建立组，并命名为 distance_suogu_monster，再次建立组，命名为 distance，把这个组放在 no translate 这个组的下面，成为子物体。然后选中 distance 这个组，以 ctrl＋h 隐藏掉。在创建锁骨和肩胛骨的时候用到的两条线删掉就可以了。

源文件储存在配套光盘中的 charactar-animRigging03.mb 文件中。

躯干的绑定就到此结束了，再往下就进行四肢的绑定了。

第六章

手臂的绑定

第一节　Jnt 骨骼的创建

这一章是很有趣的，很多的教程中也都是把手臂的绑定放在非常重要的位置，因为这里面涉及的知识非常多，若是简单绑定的话，手臂要包含 IK、FK、sk 的制作以及切换、全局缩放。复杂一点就涉及 IKFK 骨骼的无缝转换、手臂的次级控制、几种拉伸的设置，还有就是把全局缩放和局部缩放共存、肘膝锁定等。如果是穿着短袖衣服的模型，还要在肩部做一些设置，而且每一种技术都包含着好多不同的方法，所以很多做绑定的人对于手臂的绑定是非常感兴趣的。

学习的是思路，而不是制作步骤，学习别人的制作步骤来打开思路和理解工作原理。了解它的基本的工作原理才是重要的，方法是随时可以改变的，只要了解了原理，自己可以根据角色需要自行改变制作方法。

首先，创建手臂骨骼。

在正视图，点击床架骨骼命令，在手臂、肩膀处创建一个骨骼，按住 shift，继续创建肘部骨骼和手腕骨骼，命名为 pro_L_arm01_monster，pro_L_elbow01_monster，endpro_L_hand01_monster。如图 6-1 所示。

在顶视图选中根骨骼 pro_L_arm01_monster，移动到手臂的中间位置，其他骨骼不要动。因为模型的手臂是弯曲的，为了匹配模型，我们对骨骼进行弯曲的设置，但不是直接的旋转骨骼，因为旋转骨骼后属性栏里会有数值，不利于以后的操作。

选中 elbow 骨骼，ctrl+a 打开它的属性面板，调节它的旋转轴来旋转骨骼。如图6-2 所示，在 Rotate Axis 的第二个数值（Y 轴）编辑，按住 ctrl 键，左键在数值框中，按住往左右拖动就能调整数值，观察骨骼的旋转，调整到合适的位置。

点击 Skeleton—Orient joint 后面的小方块，打开属性面板，Orientation 选项选择 xyz 的方式修改轴向。这样骨骼的轴向就得到纠正。

创建一个 Locator，命名为 loc_L_arm01_monster，骨骼 pro_L_arm01_monster 对它 Point 约束和 Orient 约束，规范它的位置和旋转与骨骼一致，然后删掉那两个约束节点。

选择骨骼 pro_L_arm01_monster，加选 loc_L_arm01_monster，按住 p 键，父子给 locator。

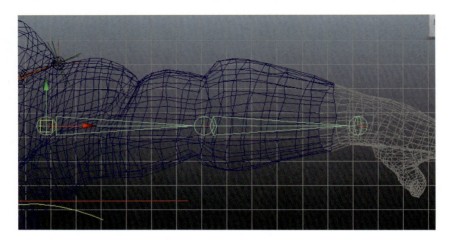

图 6-1

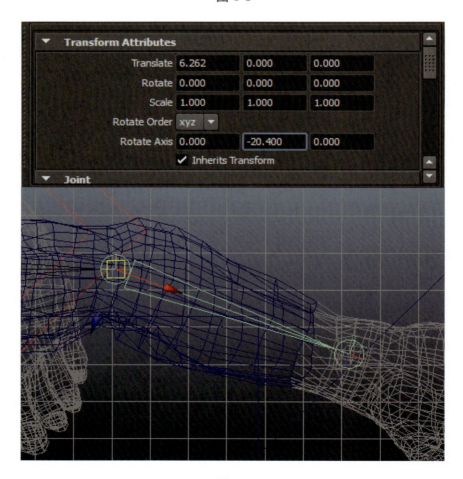

图 6-2

第二节　IK 骨骼的创建

第一步，创建 IK 骨骼。

选择 pro_L_arm01_monster，用 ctrl+d 复制整个骨骼链，更改名字为 IK_L_arm01_monster，IK_L_elbow01_monster，IK_L_hand01_monster。

选中骨骼 pro_L_arm01_monster，点击 Skeleton—Mirror Joint 后面的小方块，打开属性面板，如图 6-3 进行设置。

图 6-3

第二步，创建 IK handle。

为它创建一个 IK handle，创建时保证 current solver 是 IK Rsolver，这样才能为它创建极向量约束，用控制器来控制它的旋转（见图 6-4）。给 IK handle 命名为 IKhandle_L_arm01_monster，给骨骼下的 effector 节点命名为 effector_L_arm01_mcnster。

第三步，创建极向量约束。

用 cv Curve Tool 绘制一个控制器（形状根据自己爱好来制作就可以了），创建完成后，点击 modify—center pivot 使得中心点移动到物体的中心，按住 x 键，把控制器移动场景坐标到原点位置，再点击 modify—freeze transformation，冻结变换。ctrl+g 为控制器创建一个组，给组和控制器命名为 G_cc_pol_L_arm01_monster，cc_pol_L_arm01_monster。

选择肘部骨骼 IK_elbow_L_arm01_monster，加选 G_cc_pol_L_arm01_monster，进

行 Point 约束和 Orient 约束（保证约束时 maintain offset 没有被点选上），让控制器的位置和旋转与骨骼一致，删除约束节点。移动组的 z 轴往身后拖动一段距离。

图 6-4

选择控制器 cc_pol_L_arm01_monster，加选 IK handle_L_arm01_monster，点击 Constrain—Pole vector，进行极向量约束。

移动极向量约束控制器，看一下是否能改变肘部的朝向问题。另外，最好再把原先的 jnt 骨骼显示出来，查看一下做完极向量约束后，IK 是否产生了位置上的变化？一定要保证 IK 骨骼和 jnt 骨骼保持一致。

第四步，创建手部控制器。

我们创建一个圆环来作为手部的控制器。

点击 Create—Nurbs Primitive—Circles 后面的小方块，打开属性面板，把轴向设置为 X 轴创建，如图 6-5 所示，创建圆环、建立组、为组和圆环命名 G_cc_IK_L_hand01_monster，cc_IK_L_hand01_monster。

选中组 G_cc_IK_L_hand01_monster，按住 v 键，把组吸附到手腕骨骼位置，调整大小旋转（都是调整的组，而不是控制圆环，一定要保证圆环属性栏中的数值为初始数值）。也可以为圆环制定个颜色。如图 6-6 所示。选择控制器圆环，加选 IK handle 进行 Parent 约束。

这样，IK 骨骼的控制制作就完成了。

第六章　手臂的绑定

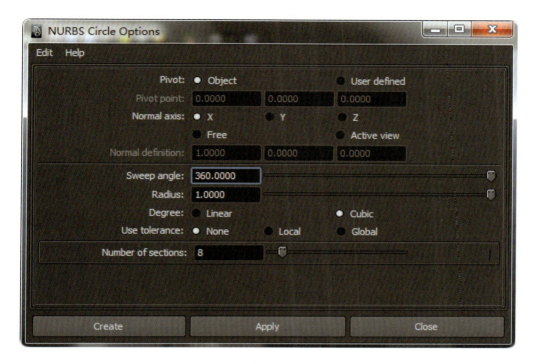

图 6-5

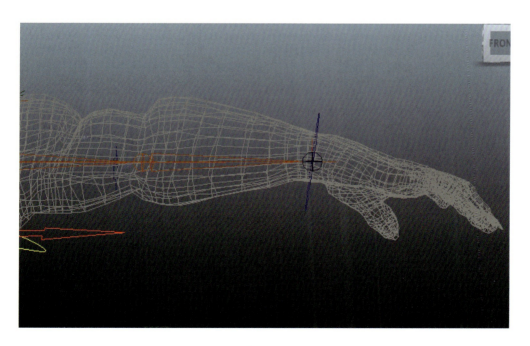

图 6-6

第三节　FK 骨骼的制作

选中 pro_L_arm01_monster，用 ctrl+d 复制一个，为这个新复制的骨骼链命名，依次为 FK_L_arm01_monster，FK_L_elbow01_monster，FK_L_hand01_monster。

选中 pro_L_arm01_monster 和 IK_L_arm01_monster，ctrl+h 暂时把这两个骨骼链隐藏。以便于 FK 操作，不至于操作时误选了这两个骨骼链，导致操作错误。

点击 Create—Nurbs Primitive—Ciecle 后面的小方块，打开属性面板，设置 Normal Axis 为 X 轴进行创建。

创建出来的圆环建立一个组，为组和圆环命名，分别为 G_cc_L_FK_arm01_monster 和 cc_L_FK_arm01_monster。选择 FK_L_arm01_monster，再加选 G_cc_L_FK_arm01_monster，在保证 maintain offset 没有被勾选的状态对它进行 point 约束和 orient 约束，规范控制器组的位移和旋转。然后删掉两个约束节点。通过调整组来调整控制器的大小，放大到合适的位置，能很容易地选择控制器。

复制 G_cc_L_FK_arm01_monster，并将新复制的组和圆环命名为 G_cc_L_FK_elbow01_monster，cc_L_FK_elbow01_monster。以同样的方法用肘部骨骼规范它的位移和旋转，然后调整大小。

选择控制器 cc_L_FK_arm01_monster，再选择骨骼 FK_L_arm01_monster 进行 orient 约束，由于前面我们事先用骨骼对它进行了 orient 约束，所以两个物体的旋转轴是一样的。这样，在用控制器对骨骼进行 orient 约束的时候，骨骼就不会产生旋转上的变形了。

同样地，用 cc_L_FK_elbow01_monster 对 FK_L_arm01_monster 骨骼进行 orient 约束。Fk 的控制器就这样制作完了。

第四节　IKFK 无缝切换

一、IKFK 无缝切换的原理

创建了 IK，FK，pro 三套骨骼，下一步我们该让它们彼此之间相互联系起来。

在下面的制作中，我们开始涉及一些高级应用——无缝切换。

在制作无缝之前，我们还要做一步。在前面为了创建 IK、FK 骨骼的方便，我们在制作 jnt 骨骼的时候只创建了三个骨骼。在这里选中肘关节骨骼 pro_L_elbow01_monster，复制一个骨骼链，将新复制的骨骼链的两个骨骼命名为 pro_L_elbow02_monster 和 endPro_L_hand02_monster。选择 pro_L_elbow02monster，再加选骨骼 pro_L_elbow01_monster，按住 p 键，让 pro_L_elbow01_monster 成为 jnt_L_elbow02_monster 的父物体。然后再进行下面的操作。

第一步，创建 IK、FK 和 jnt 骨骼的关联。让 IKFK 骨骼去控制用来蒙皮的 jnt 骨骼。

选择 FK_L_arm01_monster，加选 IK_L_arm01_monster，然后再加选 pro_L_arm01_monster，进行 orient 约束。

选择 FK_L_elbow01_monster，加选 IK_L_elbow01_monster，然后再加选 pro_L_elbow01_monster 进行 orient 约束。

这样 FK 骨骼和 IK 骨骼同时控制着 jnt 骨骼，在 pro 骨骼的下面就会出现约束节点，如图 6-7 所示。

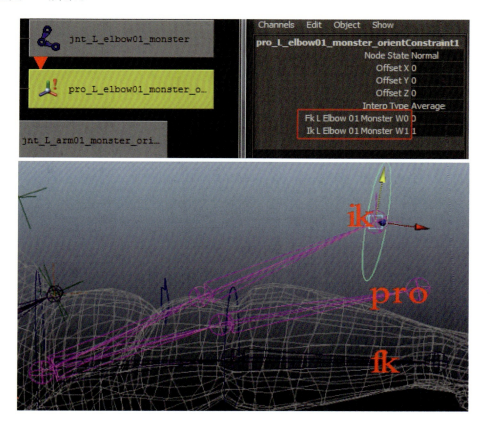

图 6-7

左上角的图中有刚才创建的两个约束节点，选择任意一个约束节点 channel 属性面板都会出现右上角红框内的内容，这两个分别代表了 FK 的骨骼和 IK 的骨骼对这个节点所对应的 pro 骨骼的权重值。当为 1 的时候,完全控制;当为 0 的时候,不控制。因为是两个物体同时为 1 来控制 jnt 骨骼,所以 jnt 骨骼的控制权被平分。因此,当 IKFK 骨骼处于不同位置的时候,pro 骨骼就会处于两者的中间位置。当有三个物体时会处于三者中间位置,依次类推。

在调制动画的时候,经常是 IKFK 来回切换着调节。当正常走路甩着手臂的时候,使用 FK 骨骼来控制,这时候 IK 控制权重为 0,FK 控制权重为 1。当手臂拿桌子上的物体的时候,用 IK 来控制,此时,IK 控制权重是 1,而 FK 控制权重是 0。

但是在使用 IK 调节完动画后,再切回用 FK 控制时,jnt 骨骼会立即回到 FK 骨骼所在位置,这样表现在模型上就是做完一个动作时会突然地跳到另一个地方,出现错误。同样,当 FK 切回 IK 的时候也是这样。为了解决这个问题,出现了 IKFK 无缝切换技术。就是在 IK 动画调节完,切回 FK 骨骼控制的时候,FK 骨骼会自动找到 IK 骨骼的位置和旋转,自动匹配。这样,即使切回到 FK 骨骼,pro 所在的位置也不会有变化,因而就能实现连贯的动作了。

点击 Maya 右下角的脚本编辑器按钮,打开脚本编辑器,如图 6-8 所示。

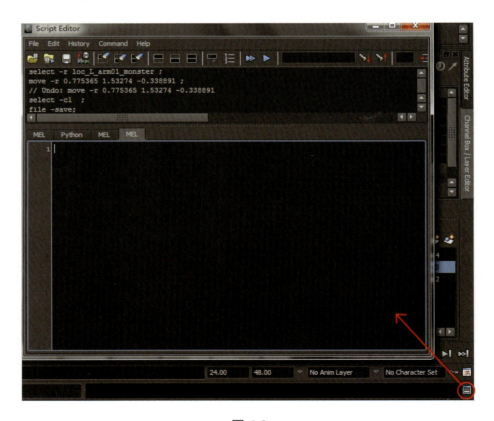

图 6-8

在这里我们通过 mel 语言来实现 IKFK 的无缝切换操作。

二、IK 控制表达式的编写

先写当切换到 IK 骨骼时 mel 语言对骨骼的切换。

第一步，先查找出 FK 骨骼末端骨骼的位置，然后让 IK 的控制器去匹配这个位置。因为 IK 控制器受到过 IK 末端骨骼的 point 约束，所以和 IK 末端骨骼的位置是一样的，匹配了控制器与 FK 末端骨骼就等于匹配了 IK 末端骨骼和 FK 末端骨骼。

查找 FK 末端骨骼的命令如下：

　　float ＄FK_R_hand[] = ʹxform -ws -q -t FK_L_hand01_monsterʹ;

这句命令的意思是查找出 FK_L_hand01_monster 这个骨骼在世界坐标系中的位移属性，并储存在浮点变量数组＄FK_R_hand 中。

-ws 是世界坐标的意思，-q 是查询，-t 是查询的属性，在这里 t 就是 translate 的意思。因为查询的 translate 属性是 x y z 三个数值，所以要给它定义一个数组，类型就是 float 来定义的浮点类型，＄FK_R_hand 就是定义的变量名字。

应该注意的是，每个字符串中间都有空格来表示这个字符串结束。

然后要做的是把这个数值传递给 IK 的控制器，命令如下：

　　xform -ws -t ＄FK_R_hand[0] ＄FK_R_hand[1] ＄FK_R_hand[2] cc_IK_L_hand01_monster;

在数组中是以 0 开始的，也就是说＄FK_R_hand[0] 记录的是上个语句查询的第一个数值，即 TranslateX 的值。＄FK_R_hand[1] 记录的是第二个数值，也就是 TranslateY 的数值，第三个就是 translateZ 的数值。

现在可以旋转一下 FK 控制器的 Y 轴，然后同时运行这两句命令，看 IK 控制器是否移动到了 IK 末端骨骼的位置了，并且两个骨骼又重合在了一起。

（运行脚本编辑器的 MEL 语句方法：鼠标选择所要运行的 mel，按 ctrl 键加回车键就可以运行所选的语句了，或者是在脚本编辑器的上面找到一个个蓝色的三角按钮，点击就可以运行了。）

但是这个时候只能在旋转 Y 轴时是可以匹配的，一旦旋转过了 Z 轴，就不能匹配了，为什么呢？因为 IK 骨骼受到两个控制器的控制，一个是手腕处的控制器，另一个是极向量控制器，极向量控制器控制着手臂的肘的朝向，在旋转了 Z 轴的时候极向量没有做相应的运动，所以就不能匹配在 Z 轴上旋转。

第二步，创建一个 locator，命名为 loc_pol_L_arm01_monster。用极向量控制器对它进行 point 约束，使得 locator 移动到极向量的位置上来。然后删掉约束节点。锁定并隐藏掉 locator 的所有属性。

选中 loc_pol_L_arm01_monster,再加选 FK 的手臂根骨骼 FK_L_arm01_monster,按住 p 键,让 locator 成为骨骼的子物体,这样骨骼旋转的时候 locator 就会跟着做相应的运动,只要查找出这个 locator 的位置,把极向量匹配过去,就能解决肘的朝向问题了。

首先查找出 locator 在世界坐标系中的位置,命令如下:

  float $FK_R_pol[] = `xform -ws -q -t loc_pol_L_arm01_monster`;

把这个查找出来的位置匹配给极向量控制器,命令如下:

  xform -ws -t $FK_R_pol[0] $FK_R_pol[1] $FK_R_pol[2] cc_pol_L_arm01_monster;

现在旋转 FK 控制器,然后再次运行这四句 mel,看是否能匹配到相同的位置。

第三步,切换的目的就是为了能用 IK 来控制 pro 骨骼,所以在 IK 匹配了 FK 骨骼后,就要开始把控制权交给 IK,让 FK 失去控制权。

如果想让 IK 骨骼控制,而让 FK 骨骼失去控制的话,就要把约束节点的 FK 控制权重改为 0,IK 控制权重改为 1。所以要用 mel 来表现,就是下面的语言:

  setAttr " pro _ L _ arm01 _ monster _ orientConstraint1. FK _ L _ arm01 _ monsterW0" 0;

  setAttr " pro _ L _ arm01 _ monster _ orientConstraint1. IK _ L _ arm01 _ monsterW1" 1;

  setAttr "pro_L_elbow01_monster_orientConstraint1. FK_L_elbow01_monsterW0" 0;

  setAttr "pro_L_elbow01_monster_orientConstraint1. IK_L_elbow01_monsterW1" 1;

setAttr 的意思是设置属性,在引号里面的就是所要设置的物体的属性。

以第一句

  setAttr " pro _ L _ arm01 _ monster _ orientConstraint1. FK _ L _ arm01 _ monsterW0" 0;

来说,就是设置 pro_L_arm01_monster_orientConstraint1 这个节点的 FK_L_arm01_monsterW0 属性为 0。

注意:0 前面是有一个空格的。

第四步,为了在操作 IK 的时候,不至于产生误操作,也为了能够很清晰明了地指导当前进行的步骤是 IK 操作还是 FK 操作,需要设置成当 IK 控制的时候只显示 IK 的控制器,而隐藏掉 FK 的控制器。Mel 语句如下:

setAttr "G_cc_L_FK_arm01_monster.visibility" 0;

setAttr "G_cc_pol_L_arm01_monster.visibility" 1;

setAttr "G_cc_IK_L_hand01_monster.visibility" 1;

设置 G_cc_L_FK_arm01_monster 的显示属性为 0。设置 G_cc_pol_L_arm01_monster 的显示属性为 1。0 表示显示属性不执行，即隐藏。1 表示执行显示属性，即显示。

这样，整个 MEL 语句就算完成了，为了能够很容易地知道这个语句的作用，可以加个注释。在脚本编辑器里 // 后面的内容是不被电脑运行的，所以可以在脚本中来添加注释：

//当切换到 IK 的时候，骨骼受到 IK 控制，而失去 FK 控制。所以完整的 mel 命令就是：

//当切换到 IK 的时候，骨骼受到 IK 控制，而失去 FK 控制时

float $FK_R_hand[] = `xform -ws -q -t FK_L_hand01_monster`;

xform -ws -t $FK_R_hand[0] $FK_R_hand[1] $FK_R_hand[2] cc_IK_L_hand01_monster;

float $FK_R_pol[] = `xform -ws -q -t loc_pol_L_arm01_monster`;

xform -ws -t $FK_R_pol[0] $FK_R_pol[1] $FK_R_pol[2] cc_pol_L_arm01_monster;

setAttr "G_cc_L_FK_arm01_monster.visibility" 0;

setAttr "G_cc_pol_L_arm01_monster.visibility" 1;

setAttr "G_cc_IK_L_hand01_monster.visibility" 1;

setAttr "pro_L_arm01_monster_orientConstraint1.FK_L_arm01_monsterW0" 0;

setAttr "pro_L_arm01_monster_orientConstraint1.IK_L_arm01_monsterW1" 1;

setAttr "pro_L_elbow01_monster_orientConstraint1.FK_L_elbow01_monsterW0" 0;

setAttr "pro_L_elbow01_monster_orientConstraint1.IK_L_elbow01_monsterW1" 1;

这样，只要运行上面的命令，就能快速地实现对 IK 的无缝切换控制了。

三、FK 控制表达式的编写

实现了 IK 切换的控制，再继续制作当切换到 FK 时候的制作。

在制作 IK 切换的时候，我们是查找 FK 末端骨骼的位置，然后又创建了一个在初始位置和极向量位置相同的 Locator，通过查找这个目标 Locator 来确定极向量应该处的位置。

在切回 FK 骨骼控制的时候，我们就不能按照 IK 切换的思路再制作了，FK 控制器控制的是旋转，通过旋转来做动作，所以我们要查找出 IK 骨骼的旋转值，然后匹配给 FK 控制器，因为控制器的旋转和 FK 骨骼的旋转是一样的，并且控制着 FK 的旋转，所以只要把旋转值匹配到控制器就可以了。

第一步，查找出 IK 骨骼的旋转值，mel 如下：

```
float $IK_R_arm[] = `getAttr "IK_L_arm01_monster.rotate"`;
float $IK_R_elbow[] = `getAttr "IK_L_elbow01_monster.rotate"`;
```

getAttr 和 setAttr 是类似的，一个是获取属性，一个是设置属性，在这里获取到 IK 骨骼的旋转值，然后把值赋给通过 float 定义的浮点变量数组 $IK_R_arm[] 和 $IK_R_arm[] 储存起来。$IK_R_arm[0]，$IK_R_arm[1]，$IK_R_arm[2]分别储存了 IK_L_arm01_monster 的 X Y Z 轴的旋转值。

第二步，把获取的数值匹配给 FK 控制器，mel 语句如下：

```
setAttr   cc_L_FK_arm01_monster.rotateX  $IK_R_arm[0];
setAttr   cc_L_FK_arm01_monster.rotateY  $IK_R_arm[1];
setAttr   cc_L_FK_arm01_monster.rotateZ  $IK_R_arm[2];

setAttr cc_L_FK_elbow01_monster.rotateY $IK_R_elbow[1];
```

因为手臂的肘部关节只能在 Y 轴上旋转，所以只需要赋值 Y 的旋转就可以了。

第三步，切换到 FK 后就要把 pro 的控制权由 IK 让给 FK，所以设置 pro 骨骼下的 orient 的约束点的属性，mel 如下：

```
setAttr "pro_L_arm01_monster_orientConstraint1.FK_L_arm01_monsterW0" 1;
setAttr "pro_L_arm01_monster_orientConstraint1.IK_L_arm01_monsterW1" 0;
setAttr "pro_L_elbow01_monster_orientConstraint1.FK_L_elbow01_monsterW0" 1;
setAttr "pro_L_elbow01_monster_orientConstraint1.IK_L_elbow01_monsterW1" 0;
```

这样 FK 就能完全的对 pro 骨骼起作用了。再调制动画的时候，调制 FK 就相当于在调整 pro 骨骼。

第四步，和制作 IK 骨骼一样，为了防止误操作和清晰明了，我们把用不到的隐藏掉，把用到的显示出来。

首先显示出 FK 的控制器：

setAttr "G_cc_L_FK_arm01_monster.visibility" 1；

隐藏掉 IK 的极向量控制器和手腕处的控制器：

setAttr "G_cc_pol_L_arm01_monster.visibility" 0；

setAttr "G_cc_IK_L_hand01_monster.visibility" 0；

这样 FK 控制的 MEL 也就完成了。像制作 IK 一样，我们也为它添加一个注释：

//当切换到 IK 的时候，骨骼受到 IK 控制，而失去 FK 控制。所以完整的 MEL 命令就是：

//当切换到 FK 的时候，骨骼受到 FK 控制，而失去 IK 控制时

float $IK_R_arm[] = `getAttr "IK_L_arm01_monster.rotate"`；

float $IK_R_elbow[] = `getAttr "IK_L_elbow01_monster.rotate"`；

setAttr cc_L_FK_arm01_monster.rotateX $IK_R_arm[0]；
setAttr cc_L_FK_arm01_monster.rotateY $IK_R_arm[1]；
setAttr cc_L_FK_arm01_monster.rotateZ $IK_R_arm[2]；

setAttr cc_L_FK_elbow01_monster.rotateY $IK_R_elbow[1]；

setAttr "G_cc_L_FK_arm01_monster.visibility" 1；
setAttr "G_cc_pol_L_arm01_monster.visibility" 0；
setAttr "G_cc_IK_L_hand01_monster.visibility"0；

setAttr "pro_L_arm01_monster_orientConstraint1.FK_L_arm01_monsterW0" 1；

setAttr "pro_L_arm01_monster_orientConstraint1.IK_L_arm01_monsterW1" 0；

setAttr "pro_L_elbow01_monster_orientConstraint1.FK_L_elbow01_monsterW0" 1；

setAttr "pro_L_elbow01_monster_orientConstraint1.IK_L_elbow01_monsterW1" 0；

四、IKFK 无缝切换控制工具架制作

写完 mel 语句，我们把它专门放在工具架上，这样，在调节动画的时候只要点击一下

图标就可以了，不需要在脚本编辑器里运行。

首先为这个角色专门创建一个工具架，找到工具架左边的黑三角号，点击就会出现一个菜单，选择 New Shelf 就会弹出一个创建窗口，如图 6-9 所示，为所创建的工具架起个名字就可以了。

图 6-9

选中 IK 切换的所有命令，按住中间把它拖到工具架上，就会形成一个默认的图标按钮，只要点击这个按钮就相当于运行了刚才的 IK 切换命令。如图 6-10 所示。

图 6-10

第六章 手臂的绑定

点击刚才创建工具架的三角号，选择 Edit Shelf，就可以对工具架进行编辑，这时会弹出下面的窗口，如图 6-11 所示。Maya 2009 以前的版本和这个有所区别，不过只是位置上的变化，内容上基本不变。

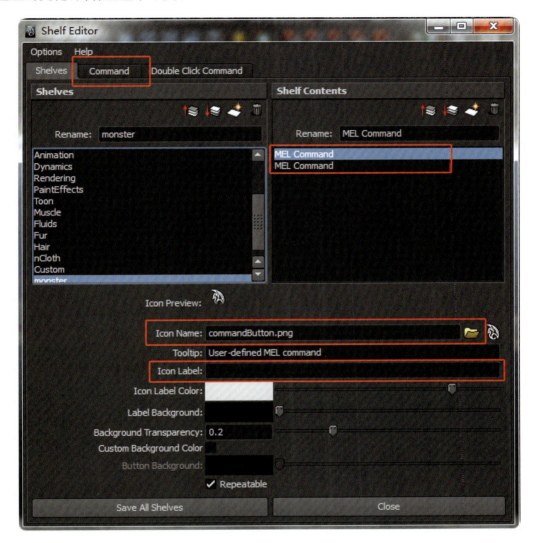

图 6-11

如图 6-11 所示，在右边有两个 MEL Command，这两个 MEL Command 就是我们刚才拖到工具架上的 IK 切换和 FK 切换。选择它们后，下面就是它们对应的属性，可以进行调整。Icon Name 是在工具架上的图标，点击后面的文件夹，选择一张图片，就可以用那张图片作为图标了。在后面的 Maya 的标志，点击一下，会弹出一系列的图标，这些是 Maya 自带的，选择后就可以当作这个命令的图标了。

Icon Label 后写入为这个命令加的书签，在工具架上就能显示出来，这样就能很容易地辨别哪个图标是哪个命令了。

右边窗口的 MEL Command 上面的 Rename 是为下面的 MEL Command 重命名的，便于以后修改时容易找到。

左上角圈着红线框的 Command 是这个图标所包含的命令，就是我们刚才制作的 IKFK 切换的那些 MEL 语句，以后修改 MEL 就是在这个地方修改。

学习了这节的内容，我们就知道了为什么外国人在使用 Maya 的时候会多出那么多我们不认识的命令，现在明白了，他们也是自己写好语句，然后在这里修改图标做成的。

第五节　右手臂的制作

在创建左手臂 pro 骨骼的时候，我们已经镜像了右手臂的 pro 骨骼，在这个骨骼的基础上，我们进行右手臂的制作。制作方法和左手臂的制作是一样的，在这一节中，我只是介绍一些需要注意的地方。

第一，注意为物体创建名字的时候要和左手臂一致起来，只要把_L_改成_R_就行了。这样做有什么好处呢？首先左右对称，在出现错误的时候两边修改很容找到。还有就是名称对称了，在写 MEL 语句的时候不用再重新写一遍，只要在左手臂骨骼的 MEL 语句中把_L_改成_R_就行了。最后就是方便整洁、便于管理。

第二，在写 MEL 语句的时候要注意对变量的命名，不要重复。这是很容易犯的错误。

第三，注意在用 IK 和 FK 骨骼对 pro 骨骼添加 orient 约束的时候，很可能由于选择顺序的问题而导致约束节点里面的权重属性名称（见图 6-12）对接不上。解决的方法有

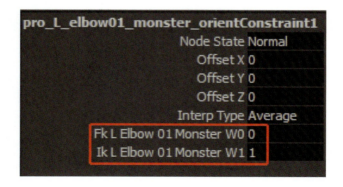

图 6-12

两个：一是在写 MEL 语句的时候仔细看一下约束节点权重的名称，在写 MEL 时正确填写；二是所选择的在用 IKFK 骨骼对 pro 骨骼添加 orient 约束节点的时候，选择 IKFK 骨骼的顺序和制作左手臂的顺序是一样的。

第六节　层级的整理

和之前的操作一样，每做完一项操作，就要对它们进行一下层级关系的整理，保持清洁。

首先，让我们把没有用的属性锁定并隐藏掉，以防止在调制动画的时候出现误操作，并且太多的属性会增加调制动画时节点的数量。

- cc_IK_L_hand01_monster　这个控制器不需要缩放属性，所以把它的 scale 属性全部 lock and hide（选择要删除的属性，点击右键，在弹出的菜单中选择 lcck and hide selected）。
- cc_pol_L_arm01_monster　这个是极向量控制器，只需要它的移动属性，所以把除了移动和 visibility 属性外，其他属性锁定隐藏就可以了。
- cc_L_FK_arm01_monster　这个是 FK 的肩部控制器，只需要旋转属性和 visibility 属性，其他属性全部锁定隐藏。
- cc_L_FK_elbow01_monster　这个是 FK 的肘部的控制器，只需要它的旋转属性和 visibility 属性，而且肘部的旋转只能在 Y 轴旋转，所以只保留这两个属性，其他锁定隐藏。

右边的控制器属性操作和左边的控制器属性操作相同，不再重述。

第二，添加身体对手臂骨骼的约束。

选择左手臂骨骼所在的最高父物体的那个 locator，loc_L_arm01_monster，再加选锁骨的末端骨骼 end_L_suogu01_monster。按 p 键，构成父子关系，如图 6-13 所示。

同样的操作对右手臂的 locator 完全一样。

这时，选择胸部的控制器，移动一下，看看手臂是否也跟着做移动。

第三，层级关系的整理。

选择 G_cc_L_FK_arm01_monster 和 G_cc_R_FK_arm01_monster 这两个左右手臂 FK 控制器的组和左右手臂的肘部极向量控制器的组 G_cc_pol_L_arm01_monster 及 G_cc_pol_R_arm01_monster，把它们复制给腹部控制器 cc_top_spine_monster。

选择左右手臂手腕处的控制器的组 G_cc_IK_L_hand01_monster 和 G_cc_R_

hand01_monster，把它们复制给胸部控制器 cc_chest_monster。

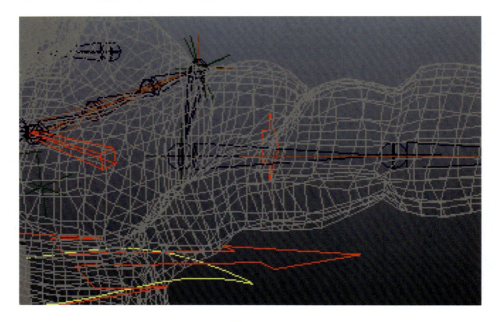

图 6-13

为什么要把手腕处的控制器复制给胸部，而把其他的控制器复制给腹部控制器呢？因为胸部是腹部控制器的父物体，当把手腕处的控制器复制给胸部的时候，手腕的控制器和腹部的控制器是一个等级关系，那么腹部的控制器就不会对手腕产生影响，而只对肩膀产生影响，当在 IK 控制手臂的时候，移动腹部的控制器，上半身全部都动，只有手腕不动，这样就能做出手臂被固定住的动画了。或者是手臂扶住墙壁或桌子等静止的物体，身体还在做着运动的动画了。

把剩下的 IKhandle_L_arm01_monster，IKhandle_R_arm01_monster 两个 IKhandle，ctrl＋g 创建一个组，将组命名为 G_IKhandle_monster，复制给 no_translate。

这样，手臂的绑定就全部做完了。

源文件存放在配套光盘 charactar-animRigging04.mb 中。

第七章 手掌的绑定

第一节 骨骼的创建

一、创建骨骼

把视角改变为摄像机顶视图，为手掌创建基本的骨骼，如图 7-1 所示。

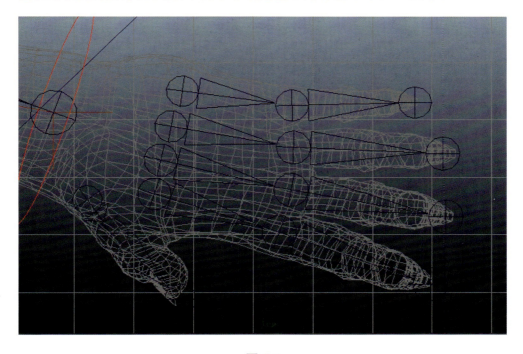

图 7-1

在摄像机视图的正视图和透视图中调整骨骼的位置。把骨骼点对准手掌的关节位置（如果想要对单独的一个骨骼改变位置，可以按下 insert 键，再次移动骨骼，该骨骼下面的子骨骼就不会跟着移动了），如图 7-2 所示。

这是因为模型的原因才采用这样的方法来创建骨骼，一般手指是直的，直的手指更好创建一些。在创建骨骼的时候为什么不把手指关节处的骨骼全部创建出来，而是只创建了手指根部和手指末端？这样制作为的就是能够在创建手指骨骼的时候，保持手指在非旋转的方向上是直的，这样在手指蜷缩的时候才会更好地操作它们。

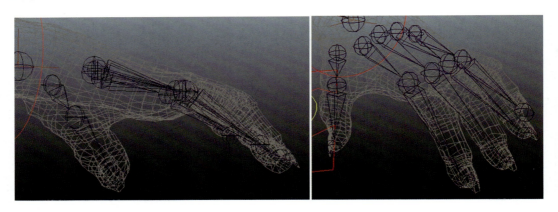

图 7-2

二、为骨骼设置合理的旋转

创建骨骼后，因为调整了骨骼的位置，骨骼的旋转轴和骨骼位置发生了改变，所以当再次旋转骨骼的时候，我们会发现骨骼的旋转不会朝着想要的方向旋转，而是发生了偏差。下面的工作是让我们就来调整一下骨骼的旋转。

第一步，选中所有的手臂骨骼，点击 Display—Transform Display—Local Rotation Axis，显示骨骼的旋转轴，如图 7-3 所示。

第二步，选中手掌所有骨骼，点击 Skeleton—Orient Joint 后面的小方块，打开属性面板，如图 7-4 所示进行设置，对骨骼的旋转轴进行调整。

调整后，骨骼的旋转轴就会如图 7-5 所示。

然后选择手指末端的五个骨骼。其方法还是打开刚才的面板，但是这次把 Orientation 的属性改为 None 进行 orient。如图 7-6 所示，末端骨骼的旋转轴就会和上一级骨骼的旋转轴是一样的了。

但是大拇指的旋转和现在骨骼的旋转轴还是不同，为了对它进行单独的调整，点击如图 7-7 所示的位置，把 Local Rotation Axis 点选上，这样就能选择它的旋转轴了。

选中了它的旋转轴，再对它的旋转方向进行调整，大约让 Y 轴垂直于指甲盖，如图 7-8 所示。

第七章 手掌的绑定

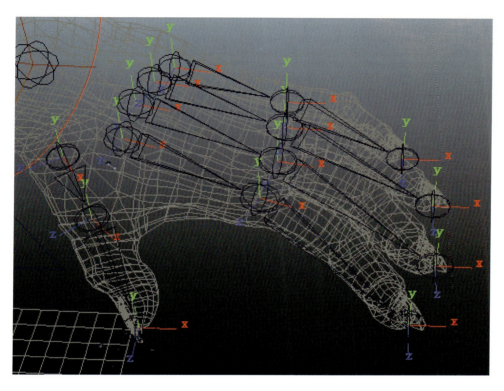

图 7-3

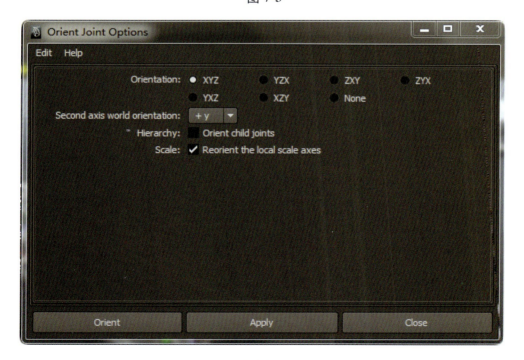

图 7-4

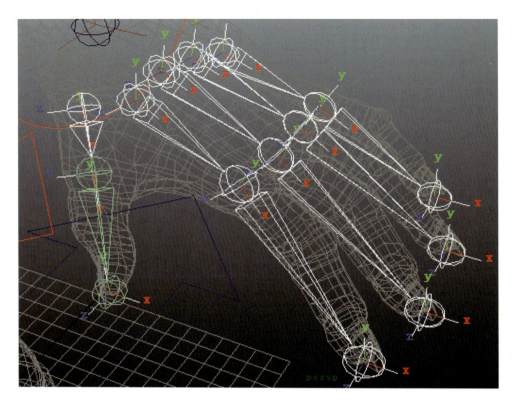

图 7-5

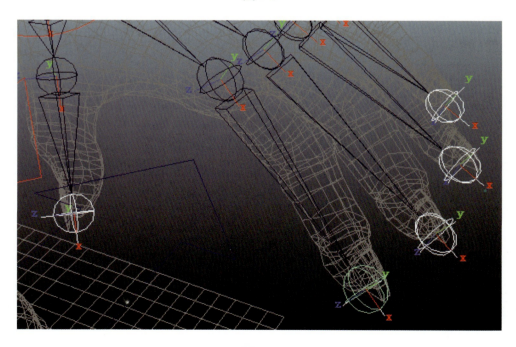

图 7-6

第七章　手掌的绑定

图 7-7

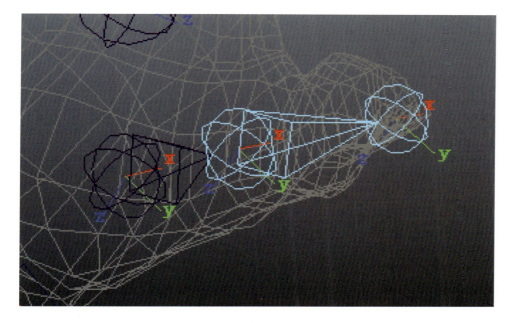

图 7-8

三、为骨骼命名

现在创建了五条骨骼链，分别是拇指、食指、中指、无名指和小指。所以命名时分别为骨骼链的第一节骨骼取名为 jnt_L_thumb_monster，jnt_L_index_monster，jnt_L_mid_monster，jnt_L_ring_monster，jnt_L_pinky_monster。

然后为拇指链的后两个骨骼命名为 IK_L_thumb01_monster，IK_L_thumb02_monster。

为食指链的后两个骨骼命名为 IK_L_index01_monster，IK_L_index02_monster

为中指链的后两个骨骼命名为 IK_L_mid01_monster，IK_L_mid02_monster。

为无名指的后两个骨骼命名为 IK_L_ring01_monster，IK_L_ring02_monster。

为小指链的后两个骨骼命名为 IK_L_pin01_monster，IK_L_pin02_monster。

四、创建 IK handle

点击 Skeleton—IK handle Tool 后面的小方块,打开属性面板,把 Current Solver 改为 isSCsolver,对五个指头的后两个骨骼进行创建 IKhandle。分别命名为 IKhandle_L_thumb01_monster,IKhandle_L_index01_monster,IKhandle_L_mid01_monster,IKhandle_L_ring01_monster,IKhandle_L_pinky01_monster,如图 7-9 所示。

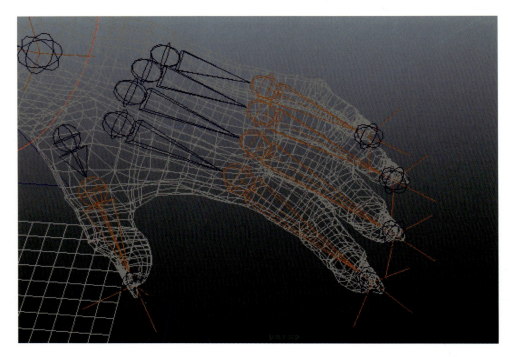

图 7-9

五、创建 Jnt 骨骼

第一步,创建 jnt 骨骼之前先创建直线,点击 Create—cv Curve Tool,按住 v 键,在五个手指处创建五条直线,点击 Display—Nurbs—cv,如图 7-10 所示。

选中直线,在 Surface 模块下,找到 Edit Curve—Rebuild Curve,点击后面的小方块,打开属性面板,如图 7-11 所示设置,点击 Rebuild。

直线的点就会变为四个,如图 7-12 所示。

第二步,先选择手部骨骼,用 ctrl+h 隐藏掉,然后点击创建骨骼工具,按住 v 键,在直线的每个点上为手指创建骨骼。在创建大拇指的时候,少创建一个,因为拇指处比其他四指少个关节。

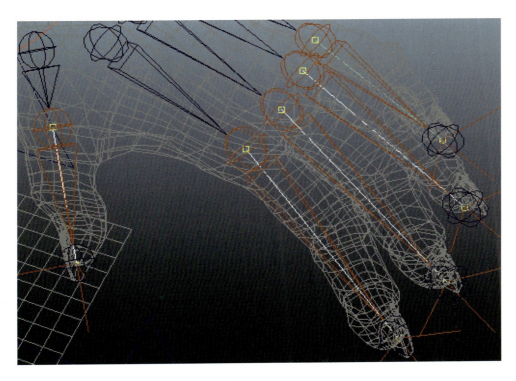

图 7-10

图 7-11

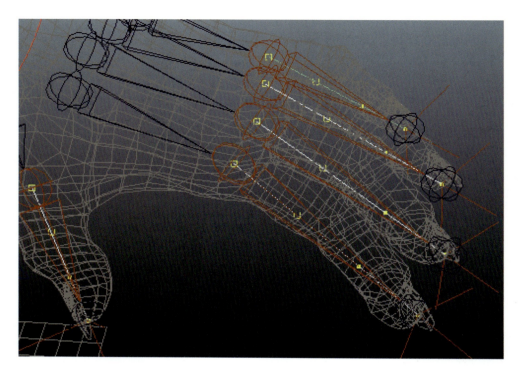

图 7-12

将手指命名,分别为 jnt_L_thumb01_monster,jnt_L_thumb02_monster,jnt_L_thumb03_monster。

jnt_L_index01_monster,jnt_L_index02_monster,jnt_L_index03_monster,jnt_L_index04_monster。

jnt_L_mdi01_monster,jnt_L_mid02_monster,jnt_L_mid03_monster,jnt_L_mid04_monster。

jnt_L_ring01_monster,jnt_L_ring02_monster,jnt_L_ring03_monster,jnt_L_ring04_monster。

jnt_L_pinky01_monster,jnt_L_pinky02_monster,jnt_L_pinky03_monster,jnt_L_pinky04_monster。

选中 IK 第一节骨骼对 jnt 的第一节骨骼进行 orient 约束,再删掉约束节点,并点击 Modify—Freeze Transformations,冻结变换。

选中 jnt_L_thumb01_monster,再选中 IK_L_thumb01_monster,进行 orient 约束,删掉约束,冻结变换。

选中 jnt_L_index01_monster,再选中 IK_L_index01_monster,进行 orient 约束,删掉约束,冻结变换。

选中 jnt_L_mid01_monster，再选中 IK_L_mid01_monster，进行 orient 约束，删掉约束，冻结变换。

选中 jnt_L_ring01_monster，再选中 IK_L_ring01_monster，进行 orient 约束，删掉约束，冻结变换。

选中 jnt_L_pinky01_monster，再选中 IK_L_pinky01_monster，进行 orient 约束，删掉约束，冻结变换。

然后把 jnt 骨骼链的第一节骨骼选中，p 给对应的 IK 骨骼的第一节骨骼。

选中 jnt_L_thumb01_monster，再选中 IK_L_thumb01_monster，按 p 键。

选中 jnt_L_index01_monster，再选中 IK_L_index01_monster，按 p 键。

选中 jnt_L_mid01_monster，再选中 IK_L_mid01_monster，按 p 键。

选中 jnt_L_ring01_monster，再选中 IK_L_ring01_monster，按 p 键。

选中 jnt_L_pinky01_monster，再选中 IK_L_pinky01_monster，按 p 键。

这些复杂步骤的作用就是把 jnt 骨骼的轴向与 IK 骨骼对齐，这样在旋转骨骼的时候，指骨在 Z 轴上始终保持着骨骼处在一条线上。这样手指在弯曲的时候就不会发生左右变形了。

第三步，只用 RotateX，RotateZ 和 ScaleX 这三个属性调节骨骼的位置，使得骨骼位置对应到所处的关节处。调节后的位置如图 7-13 所示。

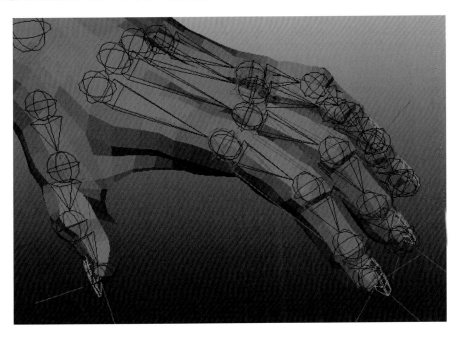

图 7-13

然后选择所有的 jnt 骨骼，点击 Modify 下的 Freeze Transformation 后面的小方块，把 translate 去掉，只对 rotate 和 scale 进行冻结，点击 Freeze Transform。这样骨骼的属性通道栏里的值就变成了初始值（旋转为 0，缩放为 1）。

选择手臂骨骼的末端骨骼，复制一个，按 shift＋p，使这个骨骼脱离父子关系。命名为 jnt_L_hand01_monster。选中五个手掌骨骼的第一个骨骼加选 jnt_L_hand01_monster，按 p 键，构成父子关系。如图 7-14 所示。

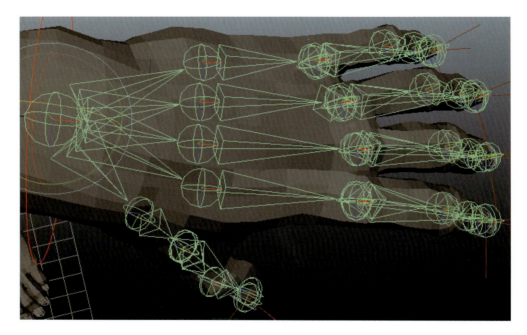

图 7-14

至此，手部骨骼的创建大体完成。

源文件储存在配套光盘 charactar-animRigging05mb 中。

第二节　手部控制的创建

第一步，创建五个 locator，分别命名为 loc_L_thumb01_monster，loc_L_index01_monster，loc_L_mid01_monster，loc_L_ring01_monster，loc_L_pinky01_monster。按住 v 键，吸附到对应的手指的 IKhandle 上，然后用 IKhandle 对 locator 进行 point 约束。

第二步，创建一个 locator，ctrl＋g 建立组，命名为 loc_L_hand01_monster 和 G_loc_L_hand01_monster。用中指 jnt_L_mid01_monster 对组进行 point 约束和 orient 约束

（保证在约束的时候，约束属性的 Maintain Offset 没有被点选），把 Locator 的位置移动到骨骼上来。删除约束节点。

第三步，创建一个 locator，命名为 locCtr_L_hand01_monster，选择手腕骨骼 jnt_L_hand01_monster，加选 locator 对它进行 point 约束和 orient 约束，调整 locator 的位置和方向，删掉约束。然后反过来，选择 locator，再选择 jnt_L_hand01_monster 对它进行 parent 约束。把这个 locator 父子给 loc_L_hand01_monster。

这个时候旋转一下 loc_L_hand01_monster，看看手掌的运动状态。只有手掌在动，而手指头不动，这样就能模拟手扶在桌子上，起身时手的状态了。

第四步，创建一个 locator，命名为 loc_L_hand_side01_monster，把 locator 放在如图 7-15 所示的位置并创建一个组，为组命名为 G_loc_L_hand_side01_monster。再创建一个 locator，命名为 loc_L_hand_side01_monster，放在如图 7-16 所示的位置创建一个组，为组命名为 G_loc_L_hand_side01_monster。

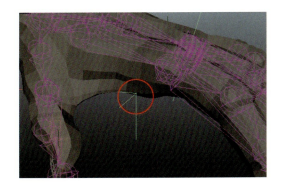 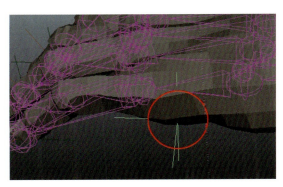

图 7-15　　　　　　　　　　　图 7-16

把 G_loc_L_hand_side01_monster 父子给 loc_L_hand_side02_monster。把 G_loc_L_hand01_monster 父子给 loc_L_hand_side01_monster，选最高层级的 loc_L_hand_side02_monster，这个 locator，创建一个组，命名为 G_loc_L_hand_bend_monster。

做到这一步的时候，先停一下对左手的操作，按照制作左手的步骤和方法，制作出右手。选中手部骨骼，点击 Skeleton—Mirror Joint 后的小方块，打开属性面板，search for 输入_L_，在 Replace with 里输入_R_。进行镜像复制，并删除掉右手的 IKhandle 及其 Effector 节点，重新对它做 IKhandle。

然后就是对它做和前述做左手一样的 Locator 的操作。

第五步，创建控制器。

创建六个圆环，组合成如图 7-17 所示手的形状（自己可以按照自己的想法来创建控制器）。

按照手的位置，分别将五根手指命名为 cc_L_thumb01_monster，cc_L_index01_monster，cc_L_mid01_monster，cc_L_ring01_monster，cc_L_pinky01_monster。手掌形状的控制器命名为 cc_L_hand01_monster。

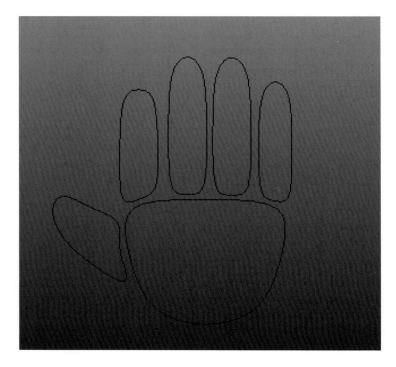

图 7-17

选中五个手指的控制器，再加选手掌的控制器，按 p 键，父子给手掌控制器。选中上一步创建的 locator 的组 G_loc_L_hand_bend_monster，并 p 给手掌控制器。再把手掌的控制器父子给手臂末端骨骼 endPro_L_hand01_monster 这个骨骼。这样，这个控制器总是跟随着手臂运动。

把所有控制器除了旋转，其他属性也都全部锁定并隐藏（锁定并隐藏：选中物体，在属性通道盒里选中属性，点击右键会弹出菜单，选择 Lock and Hide Selected，如图 7-18）。

第六步，为控制器添加属性。

选中控制器，点击通道盒上面的 Edit—Add Attribute，如图 7-19 所示。

此时，会弹出一个窗口，如图 7-20 所示。

在 Long name 里填写属性的名称，在下面的 Date Type 一栏里，有六种方式，在这里我们用 Float 浮点值的方式进行创建。

在 Minimum 后面填写上最小值。

在 Maximum 后面填写属性的最大值。

在 Default 后面填写属性的默认值。

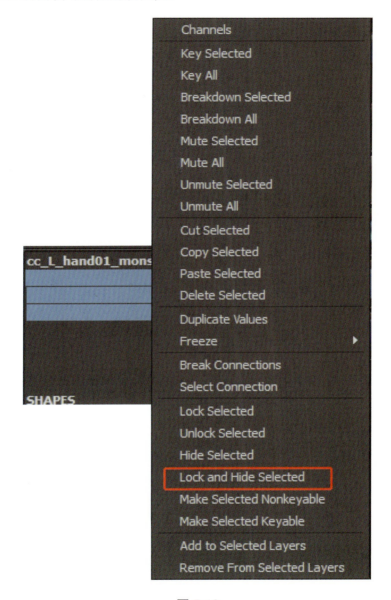

图 7-18

我们为手掌控制器创建属性,属性名字分别是 bend、twist 两个属性,最大值都是 10,最小值都是-10,默认值为 0。

第七步,创建了属性,接下来就来介绍这两个属性的作用。

选中这个控制器,点击 animate—set Driven Key—set,打开它的驱动关键帧,设置面板。

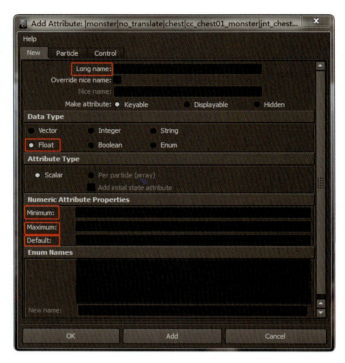

图 7-19　　　　　　　　　　　图 7-20

选择 cc_L_hand01_monster，点击面板中的 load Driver，把控制器放在驱动物体上。

选择 loc_L_hand01_monster，点击 load driven，把手掌中间的 Locator 放在被驱动物体上。选中所要控制的属性，如图 7-21 所示选中。

把 cc_L_hand01_monster 的 Bend 属性调成 0，把 loc_L_hand01_monster 的旋转保持初始值 0。点击驱动面板的 Key 按钮，生成驱动关键帧。

然后把 cc_L_hand01_monster 的 Bend 属性调成 10，把 loc_L_hand01_monster 的 rotateZ 调成 -45。点击驱动面板的 Key 按钮，生成驱动关键帧。

再把 cc_L_hand01_monster 的 Bend 属性调成 -10，把 loc_L_hand01_monster 的 rotateZ 调成 45。点击驱动面板的 Key 按钮，生成驱动关键帧。

这样，手的 Bend 属性就做完了。试着改变一下手的 Bend 属性，会发现此时手会做上下的起伏运动了。

以同样的步骤来制作 Twist 属性的设置。

选择 loc_L_hand_side01_monster 和 loc_L_hand_side02_monster 这两个 Locator，点击 load Driven，载入到被驱动物体中。cc_L_hand01_monster 还是作为驱动物体，这次是用 Twist 属性来驱动两个 Locator 的旋转属性，所以在驱动面板里一定要选择正确的属性。

图 7-21

把 cc_L_hand01_monster 的 twist 属性调成 0，把 loc_L_hand01_monster 的旋转保持初始值 0。点击驱动面板的 key 按钮，生成驱动关键帧。

然后把 cc_L_hand01_monster 的 twist 属性调成 10，把 loc_L_hand_side01_monster 的 rotateX 调成 45，loc_L_hand_side02_monster 的值保持为 0，不做变动。点击驱动面板的 key 按钮，生成驱动关键帧。

再把 cc_L_hand01_monster 的 twist 属性调成 －10，把 loc_L_hand_side01_monster 的保持为 0，不做变动，loc_L_hand_side02_monster 的 rotateX 调成 －45。点击驱动面板的 key 按钮，生成驱动关键帧。

这样，手的扭曲动作设置就做好了。

第八步，继续为控制器添加属性，先来制作一个抓手的动作设置。

用以前的方法为控制器添加一个 Curl 的属性。设置它的最小值为 －12，最大值为

10，默认值为 0。

把控制器载入到驱动物体中，把除了拇指的四个手指的 Jnt 骨骼链全部载入到被驱动物体中。手指的末端骨骼不控制手指的弯曲，不需要把它们载入进来，如图 7-22 所示。

图 7-22

控制器的 Curl 属性驱动骨骼的 RotateZ 属性。

在控制器为初始值 0，手指骨骼的旋转值也为初始 0 的时候，点击 Key。

把控制器 cc_L_hand01_monster 的 curl 的值调成 10，选中驱动面板的所有骨骼，旋转骨骼成握手状，这里调的数值是－60，点击 Key。

把控制器 cc_L_hand01_monster 的 curl 的值调成－10，选中驱动面板的骨骼，一个一个地调整到伸直状态（因为这个模型的原因，我们不得不这样做，如果原模型的手指是伸直时，就直接可以进行下一步了），点击 Key。

把控制器 cc_L_hand01_monster 的 Curl 的值调成－12，选中驱动面板的所有骨骼，集体旋转 Z 轴，旋转到一个手指略微后翻的状态，如图 7-23 所示。

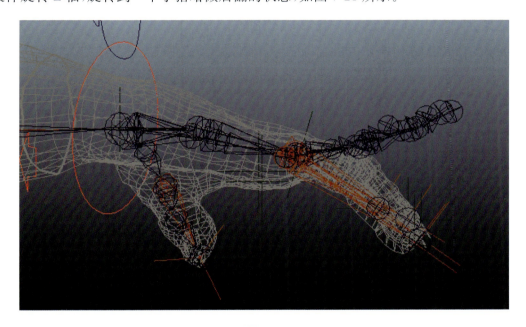

图 7-23

这样，手部的 Curl 的控制就做完了。

第九步，添加一个 Stretch 属性。

其实，在添加的这些属性时名字由自己取，目的是为了记忆方便，不是说就要一定这样起。设置这个属性的作用就是用来控制手掌的舒张和往里并拢，具体步骤如下：

（1）首先把控制器 cc_L_hand01_monster 载入到驱动物体，然后选中手指上级的手掌的四个骨骼，以及手指的第一节骨骼载入到被驱动物体中，如图 7-24 所示。驱动面板里面被驱动物体中选中的四个物体在被选中的时候是左面的样子，仔细看一下，这个地方很容易选错。线框所指的是手掌的四个骨骼。

（2）在控制器和骨骼都为初始状态的时候，选中控制器的 Stretch 属性，在被驱动物体中选中所有物体，在右边的属性栏里选择 RotateY 属性。点击 Key，用 Stretch 属性来驱动骨骼的 Y 轴旋转属性（这里要来驱动 Y 轴是由在制作手部骨骼的时候，骨骼的旋转轴决定的，以后再制作的时候根据制作的手部骨骼的旋转轴的轴向来决定）。

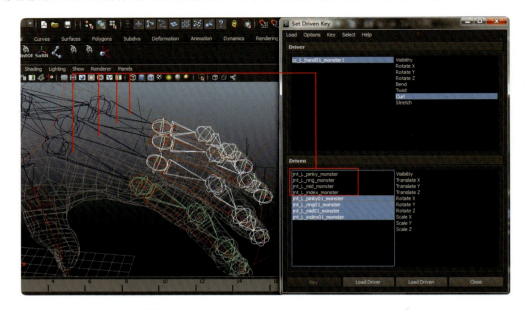

图 7-24

然后把控制器的 Stretch 属性调到 −10，调整手部的骨骼的 Y 轴旋转值，使之处于一个合适的舒展位置。如图 7-25 所示，点击 Key 一下，在调整完以后要看一下旋转的属性值，最好是调到一位小数的数值。这样在调整动画曲线的时候比较好记忆一些。例如，当数值是 3.318 的时候。直接把数值改成 3.5，如果过大，就用 3.3 或者 3.4 等。

然后把控制器的 Stretch 属性调到 10，调整手部的骨骼的 Y 轴旋转值，使之为一个合适的并拢位置。如图 7-26 所示，点击 Key 一下。

第十步，为控制器添加一个 Twist 属性。

先解释一下这个属性，名字可以自己取，只要便于记忆就行。

人的手是非常富有情感的，用手表现出很多东西，不仅在于手指的运动，手掌其实也是可以运动的，手掌也可以做一些弯曲，做这个属性的作用就是来模拟手掌的弯曲。

首先，我们为所有的手指控制器添加属性，名称是 Twist，最小值、最大值和默认值分别为 −10，10，0。

以食指为例。把食指的控制器 cc_L_index01_monster 载入到驱动面板的驱动物体中（load Driver）然后把食指所对应的手掌的那个骨骼 jnt_L_index_monster 载入到被驱动物体中（load Driven），面板中选中控制器的 twist 属性，

第十一步，手掌的控制，先告一段落。接下来再制作每根手指的控制。这样在整体

上控制了手部的舒展和弯曲等的时候,还可以单独地控制每一个手指。

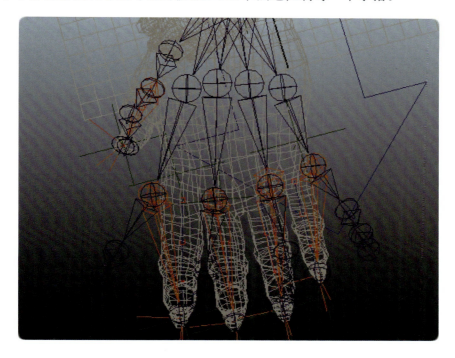

图 7-25

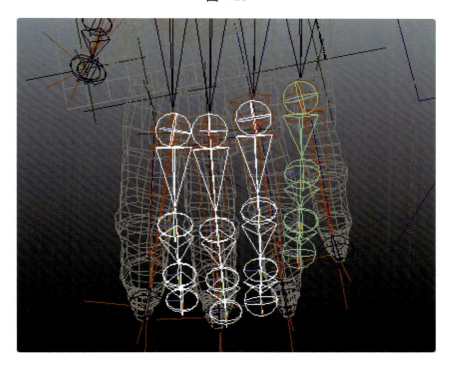

图 7-26

首先，我们把手掌的控制器 cc_L_hand01_monster 的属性调成 0，这样使得骨骼处于初始位置，便于更好地调整以后的设置，不至于出现太多的错误。

选中除大拇指外的其他四个手指的控制器，为它们添加属性，A，B，C，Stretch 四个属性，最小值为－10，最大值为 10，默认值为 0，如图 7-27 所示。

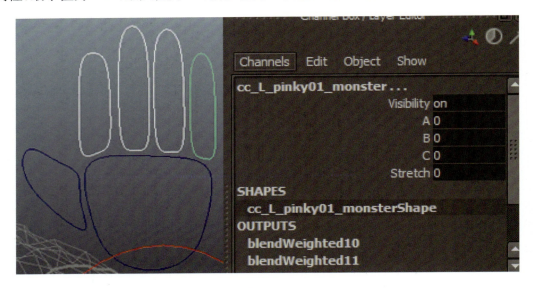

图 7-27

在这里，A 控制了手指第一节骨骼的 Z 轴旋转（就是手指弯曲的轴向，这个轴向是根据骨骼的旋转轴决定的）。B 控制了手指的第二节骨骼的 Z 轴旋转，C 控制了第三节骨骼的 Z 轴旋转。Stretch 控制的是手指左右方向上的旋转，也就是手指的舒张和合并。下面来为这些骨骼添加具体控制。

选中食指的控制器，添加到驱动面板的控制物体中，选中食指骨骼第一节骨骼，添加到被驱动物体一栏。并且让控制器 A 属性对应到骨骼的 RotateZ。如图 7-28 所示，点击 Key。把控制器的 A 属性调到 10，把骨骼 RotateZ 调到－60，点击 Key。把控制器的 A 属性调到－10，选择骨骼调整到 23，点击 Key。（这个值的调节可以根据手掌整体控制时的值，也就是当把手掌的控制器的 Curl 的值调到 10 和－12 时，把食指的骨骼的旋转值分别复制下来，然后分别粘贴到当食指的 A 属性为 10 和－10 时的骨骼旋转数值。）

对于其他骨骼，操作方法相同，对于 B，C 属性也是这样的操作。

对于 Stretch 的操作也是一样的，只是多控制了一个骨骼，具体如下：

选中食指控制器，添加到驱动物体（load Driver），选中食指的第一节骨骼 jnt_L_index01_monster 和所对应的手掌的骨骼 jnt_L_index_monster，添加到被驱动物体（load Driven），在面板右边的方框中，选中对应控制器的 Stretch 的属性和两个骨骼的

RotateY。在控制器 Stretch 的属性为零,两个骨骼 RotateY 也为 0 的情况时,默认状态下点击 Key。然后把控制器的 Stretch 的值调到－10,把骨骼调到一个合适的舒展位置如图 7-29 所示(只旋转 Y 轴,因为只对 Y 轴的旋转做了驱动关键帧,所以即使我们旋转了其他轴向也并不起作用,如果只旋转一个轴达不到我们想要的效果,需要旋转两个轴或三个轴才能达到较好效果的话,那么我们就要对所旋转的所有轴都要选中,并点击 Key 关键帧)。

图 7-28

然后把 Stretch 的值调到 10,调整两个骨骼到一个并拢的位置,如图 7-30 所示,点击 Key,生成驱动关键帧。这个时候,数值应该稍微大一些,这样在调动画的时候,可以调出一些特殊的动作。

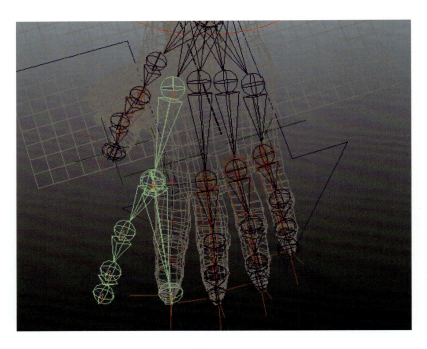

图 7-29

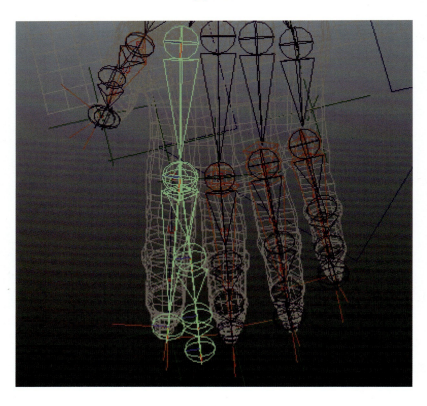

图 7-30

同样的操作应用在其他三个骨骼的 Stretch 属性上。

手指的操作讲这些就差不多了。然后我们再来介绍对右手的操作。复制个控制器放在右手上，并为它重命名，把_L_ 替换成_R_。

进行右手创建的时候，旋转值要和左手的值一样，或许这有些麻烦，但是这样做是有好处的，做到不对称不难，做到对称就很难了，所以当我们在为控制器做控制的时候，首先要从对称做起，然后可以在调制动画的时候做不对称操作。

为了节省制作时间，并不至于产生对调节的恐惧感，可以用代码来简化调节的步骤，具体步骤如下（以食指的第一节骨骼弯曲为例）：

（1）首先把控制器载入到驱动面板的驱动物体位置（load Driver），选中它的 A 属性。把食指的第一节骨骼载入到被驱动物体位置（load Driven）。

（2）把右手食指的 A 属性调到 10，然后选择左手的食指控制器，把 A 属性调到 10，运行下面的 MEL：

  float $index01 = `getAttr "jnt_L_index01_monster.rotateZ"`;

  setAttr "jnt_R_index01_monster.rotateZ" $index01;

然后直接点击驱动面板中的 key 就可以了。

（3）把右手食指的 A 属性调到 −10，然后选择左手食指控制器，把 A 属性调到 −10，再次运行刚才的 mel。

再次点击 key，这样驱动关键帧就做完了。

现在把所有手指的 mel 都写在下面，方便查阅和使用：

小手指：

  float $pinky01 = `getAttr "jnt_L_pinky01_monster.rotateZ"`;

  setAttr "jnt_R_pinky01_monster.rotateZ" $pinky01;

  float $pinky02 = `getAttr "jnt_L_pinky02_monster.rotateZ"`;

  setAttr "jnt_R_pinky02_monster.rotateZ" $pinky02;

  float $pinky03 = `getAttr "jnt_L_pinky03_monster.rotateZ"`;

  setAttr "jnt_R_pinky03_monster.rotateZ" $pinky03;

无名指：

  float $ring01 = `getAttr "jnt_L_ring01_monster.rotateZ"`;

  setAttr "jnt_R_ring01_monster.rotateZ" $ring01;

  float $ring02 = `getAttr "jnt_L_ring02_monster.rotateZ"`;

  setAttr "jnt_R_ring02_monster.rotateZ" $ring02;

  float $ring03 = `getAttr "jnt_L_ring03_monster.rotateZ"`;

```
        setAttr "jnt_R_ring03_monster.rotateZ" $ring03;
```
中指：
```
    float $mid01 = `getAttr "jnt_L_mid01_monster.rotateZ"`;
    setAttr "jnt_R_mid01_monster.rotateZ" $mid01;
    float $mid02 = `getAttr "jnt_L_mid02_monster.rotateZ"`;
    setAttr "jnt_R_mid02_monster.rotateZ" $mid02;
    float $mid03 = `getAttr "jnt_L_mid03_monster.rotateZ"`;
    setAttr "jnt_R_mid03_monster.rotateZ" $mid03;
```
食指：
```
    float $index01 = `getAttr "jnt_L_index01_monster.rotateZ"`;
    setAttr "jnt_R_index01_monster.rotateZ" $index01;
    float $index02 = `getAttr "jnt_L_index02_monster.rotateZ"`;
    setAttr "jnt_R_index02_monster.rotateZ" $index02;
    float $index03 = `getAttr "jnt_L_index03_monster.rotateZ"`;
    setAttr "jnt_R_index03_monster.rotateZ" $index03;
```

当完成上面操作的时候，来回地调整控制器的数值，我们会发现有的地方骨骼发生颤抖，而且有些地方想要改变一下它的幅度。这就需要再讲一下关于动画曲线编辑器在这里的用法。用于调整和修饰。

首先打开动画曲线编辑器 Window—Animation Editors—GraphEditor。打开的界面如图 7-31 所示。

选中物体后，物体的关键帧属性会列在左栏中，右边就是以曲线的形式表现动画。

以食指的第三节骨骼为例，选中骨骼后，左框中出现骨骼的名称，以及所有被设置过关键帧的属性，右栏里是一条一条的曲线，当我们选中左栏的物体属性的下一个层级的任何一个属性的时候，右栏只出现一条曲线。例如，RotateZ 下有三个属性，这三个属性分别代表有三个控制物体控制这个物体的 Rotate 属性，而对应的正是这个控制物体所产生的动画曲线。

观察曲线，在图 7-32 中以标有序号的曲线为例，这条曲线是手指的弯曲动作，0 点是初始位置，从纵轴上看，数值为 0，说明当控制物体的控制属性是 0 的时候，这个物体的 RotateZ 是 0。在横轴是 −10 的时候，纵轴是 7.545。说明当控制物体的控制属性是 −10 的时候，RotateZ 是 7.545。正是刚才对手指做的驱动关键帧的控制。但是出现的问题是这条曲线的 1 处的位置比 2 处的位置低，这是因为曲线计算方式的原因，导致了错误计算，所以手指弯曲的时候，会出现颤抖。下面来修正这个问题。

首先，我们来改变一下这个关键帧的计算方式，选中横轴为-10的关键帧（就是那个点），点击3位置的命令，然后选择关键帧的操控手柄（就是关键帧两边的线头上的点），按住中间并拖动，可以改变它的旋转方向，调整一下选中横轴为1时的那个关键帧的手柄，拖动调节，使得2处的曲线幅度降低一些。调整完毕如图7-33所示的样子。

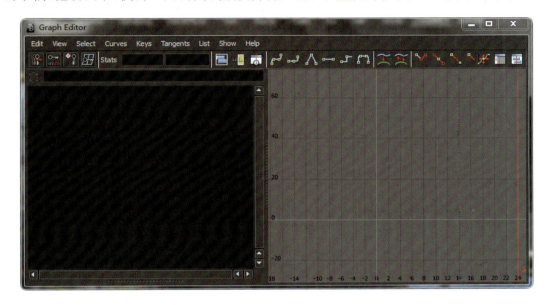

图 7-31

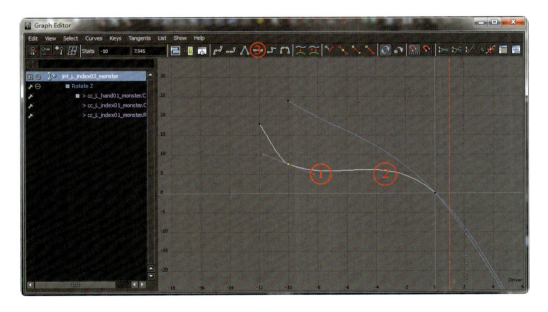

图 7-32

然后按这样的方法查找修改一下每一个骨骼，做到正确过渡。

在调整好了四个手指的控制后，再为大拇指添加属性。

图 7-33

首先，大拇指的关节比其他四个手指少一个，所以只需要为控制器添加 A、B 属性即可，然后再添加 Stretch 和 Twist 属性。这个属性和其他手指的作用是一样的。A、B 分别控制了一个骨骼关节的 Z 轴的旋转。

在手掌的总控制器 curl 等那四个属性控制里，把大拇指的弯曲也添加进去，这样就能实现手掌的握拳和舒展等姿势了。

我们在制作手部控制的时候，既制作了手掌的总控制器，又为每个手指的每个关节添加了控制属性。这样的目的是，当实现普通的一些手部动作的时候，直接可以用总控制调好的动作调节动画，而每个手指控制器又可以实现对已经调好的动作的手的姿势做一个调整。这样就能实现千变万化的手部的姿势了。

手指的制作方法就介绍到这里。在此基础上，还可以为手掌的总控制器添加一些其他的动作，不仅是 Bend、Curl、Twist、Stretch 这四个动作姿势，我们还可以为手掌添加一些在项目制作中常用的姿势、动作，便于方便以后的动画制作。

把制作好的源文件放在配套光盘的 charactar-animRigging06.mb 中。

第三节　层级整理，实现全局缩放

手部骨骼创建完成后，要把它与全身的骨骼联系起来，实现全局缩放。

第七章　手掌的绑定

先缩放一下总控制器，观察一下效果，我们会发现，当缩放总控制器的时候，手部骨骼并不随着身体的缩放进行等比的缩放，从而导致当身体放大的时候，手部因为骨骼过大，发生蜷缩，当身体缩小的时候，手部的骨骼会伸直，脱离了手部控制器的范围。

先来分析一下出现这种情况的原因：手部的控制器是父子给了手臂的骨骼，这样，手部控制器跟随着手臂，先前已经把手部做好了缩放控制，所以手部控制器的缩放是正确的，但是手部的骨骼是单独存在的（可以打开 Outliner 面板查看，手部骨骼存在于世界坐标系中，和总控制器处于同等级别），这样，骨骼是无法实现同步缩放的，如果我们用总控制器对手部的骨骼进行缩放连接，那么根据上文中的制作经验，必须要对每一节骨骼进行缩放的连接控制，如果骨骼在一个非骨骼的层级下，只需要对骨骼的上一个层级进行缩放就可以完成操作。所以可以进行下面的操作：

（1）选择手部的手掌骨骼，打开 Outliner 面板（Window—Outliner），再打开它的层级，我们会发现骨骼下有一个父子约束节点（这个节点是先前制作手部控制的时候，手腕处的 Locator 对它的 Parent 约束，左手约束节点的名称为 jnt_L_hand01_monster1_parentConstraint，右手约束节点的名称为 jnt_R_hand01_monster1_parentConstraint），把这两个节点都删除掉。

（2）先以右手为例，创建一个 Cube（Creat—Polygon Primitives—Cube），命名为 cube_R_hand01_monster。

（3）选择手掌骨骼 jnt_R_hand01_monster，按住 shift，加选刚才创建的 Cube，进行点约束和方向约束（在 Animation 模块下，Constraion—Point 和 Constrain—Orient 进行约束的时候，一定要在约束命令的默认设置之下，在打开的约束设置面板里面，保证 Maintain offset 后面没有被点选）。然后在 Cube 下的层级中，找到这两个节点，删除掉。

（4）选择手掌骨骼，shift 加选 Cube，按 p 键，让骨骼成为方盒子的子物体。这样，缩放一下方盒子，手部所有骨骼会整体地缩放。

（5）选择手腕处的 Locator，locCro_R_arm01_monster，加选方盒子，进行父子约束。这样，方盒子就会跟着手部运动了。

（6）打开属性连接面板（Window—General Editors—Connection Editor），选择总控制器 cc_monster，点击属性连接面板的 Reload Left，选择 cube，点击 Reload Right。在左边找到总控制器的 Scale 属性，在右边也找到方盒子的 Scale 属性，点选上，对属性进行连接。

对于右手，可以做同样的操作。

做完这一步，基本可以实现了全局缩放，但是看一下 Outliner，我们就会发现，布局太凌乱，如图 7-34 所示。

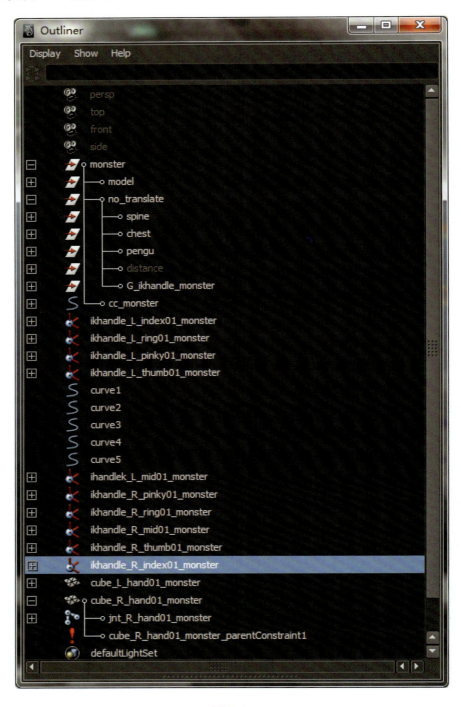

图 7-34

下一步要做的是整理一下层级关系。

第一步,先删除一些没用的物体,curve1,curve2,curve3,curve4,curve5。

第二步,选中左手的五个IKhandle,用ctrl+g创建一个组,将组命名为G_IKhandle_L_hand01_monster。选中右手的五个IKhandle,用ctrl+g创建一个组,命名为G_IKhandle_R_hand01_monster,找到层级monster—no translate—G_IKhandle_monster。把刚才的两个IKhandle的组放在G_IKhandle_monster的下面,成为他的子层级。

第三步,选择cube_L_hand01_monster和cube_R_hand01_monster这两个cube,用ctrl+g创建一个组,命名为hand。把hand这个组放到no translate这个组里面。

手部的绑定完成后,源文件放在配套光盘charactar-animRigging07.mb中。

第八章
腿部骨骼的绑定

之前我们已经介绍了手臂骨骼的创建,腿部骨骼的创建可以和手臂骨骼创建一样,在这里,只为腿部做一个 IK 的创建,不再做 IKFK 的切换了。

第一节　骨骼的创建

第一步,在侧视图中,创建腿部骨骼,如图 8-1 所示。

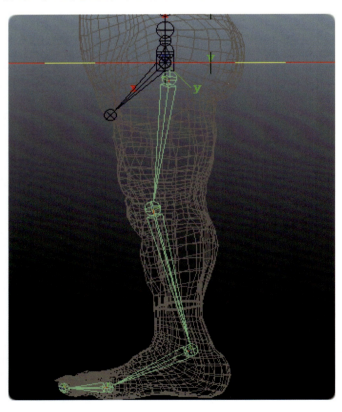

图 8-1

为骨骼依次命名为 jnt_L_leg01_monster,jnt_L_leg02_monster,jnt_L_ankle_monster,jnt_L_toe_monster,end_L_toe_monster。

第二步,在正视图中,选中顶端骨骼 jnt_L_leg01_monster,旋转 Y 轴,使骨骼对齐到模型的腿部位置,如图 8-2 所示。

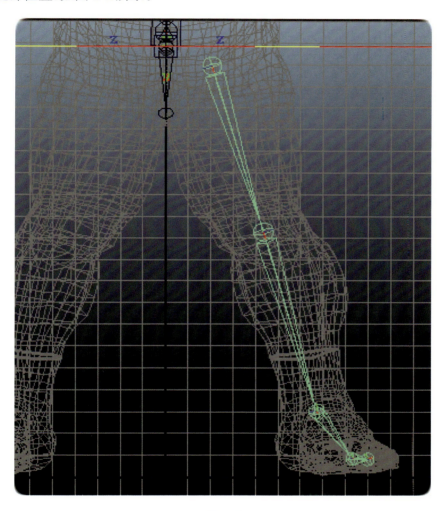

图 8-2

第三步,旋转脚踝处骨骼的 Y 轴,把骨骼对齐到脚上。

第四步,选中 jnt_L_leg01_monster 和 jnt_L_ankle_monster 这两个旋转过的骨骼,在右边通道面板中点击右键,在弹出的菜单中选择 freeze—rotate,冻结旋转属性。

第五步,(选择 jnt_L_leg01_monster,旋转 Y 轴的时候会出现万象节锁死,两个旋转轴重叠。)选择 jnt_L_leg01_monster,ctrl+a 打开属性面板,在 transform attribute 里面找到 Rotate order,调成 zxy 模式。

第六步，选择腿部骨骼，点击 Skeleton—Mirror Joint 后面小方块，打开属性面板，设置如图 8-3 所示。

图 8-3

第二节　腿部骨骼的控制制作

一、创建脚部控制骨骼

第一步，创建骨骼的 IKlhanle，在 Animation 模块下，点击 skeleton—IK handle tool 后面的小方块，在 Current Solver 选择 IKRPsolever，在大腿和脚踝处创建，命名为 IKhandle_L_leg_monster。

第二步，点击骨骼创建命令，在脚后跟处，按住 v 键，创建一个骨骼，按住 v 键，在刚才的腿部骨骼的脚上倒着依次创建骨骼直到脚踝处骨骼，如图 8-4 所示。

并为骨骼分别命名为 cj_L_heel01_monster，cj_L_toe01_monster，cj_L_ball01_monster，cj_L_anklel01_monster。

第三步，创建一个 locator，命名为 loc_L_toe_monster，ctrl＋g 建立组，为组命名 G_loc_L_toe_monster。选择组，按住 v 键，把 locator 的组移动到 jnt_L_toe_monster 骨骼上。再创建一个 locator，命名为 loc_L_ankle_monster，建立组，为组命名为 G_loc_L_ankle_monster。移动组，按住 v 键，吸附到脚踝骨骼 jnt_L_ankle_monster 上。

第四步，选择脚踝骨骼 jnt_L_ankle_monster，加选脚踝处的 Locator 的组，进行

Point 约束和 Orient 约束(进行约束的时候,保持 Maintain Offset 没有被点选上),然后在组下面找到刚才创建的两个约束节点,删除约束节点。同样的操作对于脚趾骨骼的 Locator 也一样,可以校正 Locator 的组位移和旋转。

图 8-4

第五步,选择 loc_L_ankle_monster,加选脚踝骨骼 jnt_L_ankle_monster,进行 orient 约束。选择 loc_L_toe_monster,加选脚趾骨骼 jnt_L_toe_monster 进行 orient 约束。选择控制骨骼 cj_L_ankle01_monster,加选腿部 IKhandle 手柄 IKHandle_L_leg_monster 进行 point 约束。

对于右脚也做同样的操作。

二、创建脚部控制器

第一步,创建一个 Polygon 的方盒子,设置 Translate 属性值为 0。

第二步,点击 Create—cv Curve Tools 后面的小方块,打开属性面板。设置 Curve Degree 的属性值为 1 liner,如图 8-5,沿着方盒子的边缘按住 v 键,对方盒子描边。

第三步,删除方盒子,留下方盒子形状的一圈 cv 曲线。如图 8-6 所示,命名为 cc_L_foot01_monster。Ctrl+g 建立组,给组命名为 G_cc_L_foot01_monster。

图 8-5

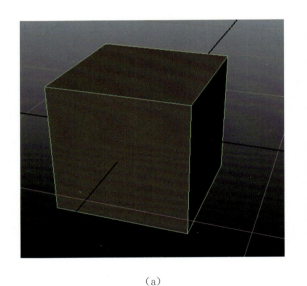

(a)

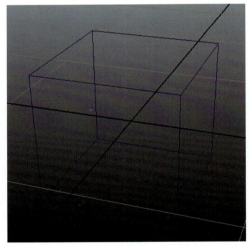

(b)

图 8-6

第四步，选择控制骨骼 cj_L_heel01_monster，在 Outliner 面板里面加选组 G_cc_L_foot01_monster，进行 Point 约束和 Orient 约束（保持默认设置 Maintain Offset 没被点选上），找到组下面的两个约束节点，删除掉。

第五步，在点层级里面调整控制器的形状，使得控制器美观，容易被选择，如图 8-7 所示。

第六步，再次创建一个同样的方盒子控制器，命名为 cc_L_toe01_monster，将它的组命名为 G_cc_L_toe01_monster。选择脚趾的 locator，loc_L_toe_monster 在 outliner 面板里加选组 G_cc_L_toe01_monster，进行 point 约束和 orient 约束，删除约束节点。

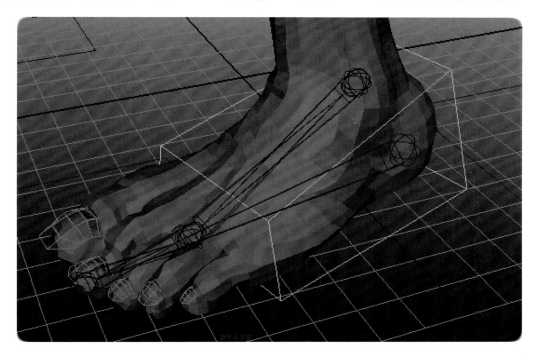

图 8-7

第七步，在点层级里调节控制器的形状，使得控制器美观，容易被选择，如图 8-8 所示。

第八步，创建一个圆环，命名为 cc_L_heel01_monster，建立组，命名为 G_cc_L_heel01_monster。选择 cj_L_heel01_monster，加选组 G_cc_L_heel01_monster，进行 Point 约束和 Orient 约束（保持 Maintain Offset 没有被点选），删除约束节点。在点层级里选择点调整位置。

第九步，选择 cc_L_heel01_monster，加选骨骼 cj_L_heel01_monster，进行 Orient 约束。选择 cc_L_toe01_monster，加选 loc_L_toe_monster，进行 Orient 约束。选择 cj_L_ankle01_monster 加选 IKHandle_L_leg_monster，进行 Point 约束。

第十步，创建一个圆环，命名为 cc_L_foot02_monster，建立组，为组命名为 G_cc_L_foot02_monster。选中控制骨骼 cj_L_ball01_monster，加选组 G_cc_L_foot02_monster，进行 Point 约束和 Orient 约束。然后删除掉约束节点。

第十一步，在点层级下，调整控制器的位置，使得控制器便于选择，并且容易识别它的作用如图 8-9 所示。

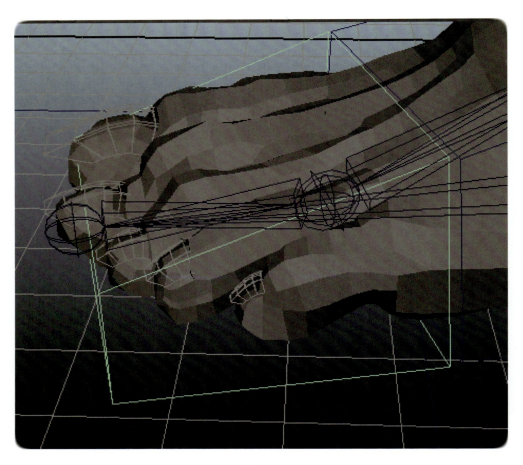

图 8-8

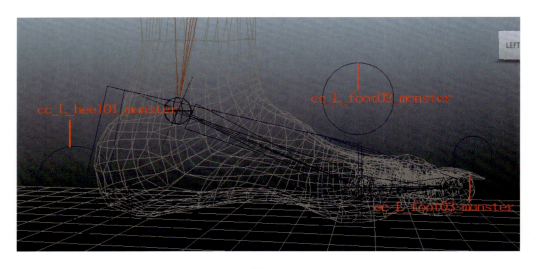

图 8-9

用同样的步骤再制作一个控制器 cc_L_foot03_monster，组为 G_cc_L_foot03_monster。用 cj_L_toe01_monster 对控制器的组的位移和旋转进行约束，删除约束节点。在点层级下调整位置。

第十二步，用刚创建的控制器对所对应的控制骨骼进行旋转属性的连接。

第十三步，选择 G_cc_L_toe01_monster，加选 G_cc_L_foot02_monster，再加选 cc_L_foot03_monster，按 p 键。选择 G_cc_L_foot03_monster，加选 cc_L_heel01_monster，按 p 键。

第十四步，创建一个 Locator，命名为 loc_L_footRoll01_monster，建立组，将组命名为 G_loc_L_footRoll01_monster，按住 v 键，移动组到脚的外侧底部，如图 8-10 所示。

第十五步，再次创建一个 locator，命名为 loc_L_footRoll02_monster，建立组，将组命名为 G_loc_L_footRoll02_monster，按住 v 键，移动组到左脚内侧底部位置，如图 8-11 所示。

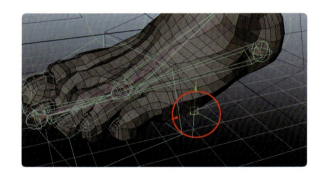　　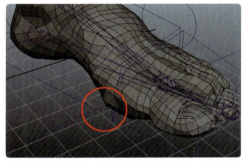

图 8-10　　　　　　　　　　　　　　图 8-11

第十六步，选择 G_cc_L_heel01_monster，加选 cj_L_heel01_monster，再加选 loc_L_footRoll02_monster，按 p 键；选择 G_loc_L_footRoll02_monster，加选 loc_L_footRoll01_monster，按 p 键；选择 G_loc_L_footRoll01_monster，加选 cc_L_foot01_monster，按 p 键。

第十七步，选择 cc_L_foot01_monster，为它添加一个 Roll 属性，类型为 float 浮点类型。

第十八步，点击 Window—Animation Editors—Expression Editor，打开编辑器，如图 8-12 所示。

在左上角的 Select Filter 里，选择 By election name，点击 New Expression，然后在 Expression Name 后面的文本框里输入 Roll_L_foot01_monster，为这个表达式命名。

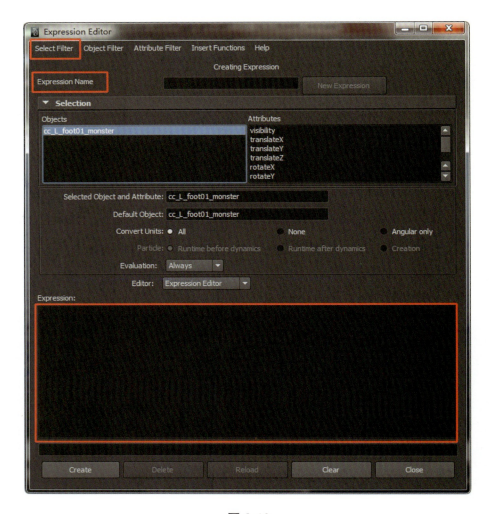

图 8-12

在下面的 Expression 的文本框中输入命令,如下所示:

float ＄Roll_L_foot ＝ cc_L_foot01_monster.Roll;
if(cc_L_foot01_monster.Roll ＞ 0){
　　loc_L_footRoll02_monster.rotateX ＝ ＄Roll_L_foot;
　　loc_L_footRoll01_monster.rotateX ＝0;
}
　　else
{
　　loc_L_footRoll02_monster.rotateX ＝ 0;
　　loc_L_footRoll01_monster.rotateX ＝ ＄Roll_L_foot;
}

点击左下角的 Edit，操作完毕。

现在改变一下脚步控制器的 Roll 属性，脚部就会因为 Roll 的属性值的改变做相应的左右反转。

用同样的步骤操作来制作右脚的控制。

最后为控制器制定一个颜色，便于区分。

三、腿部的完成制作

第一步，选择两个腿部的根骨骼 jnt_L_leg01_monster，和 jnt_R_leg01_monster，再加选盆骨骨骼 end_pengu01_monster，按 p 键。

第二步，用 cv 曲线绘制一个控制器，用于腿部 IK 的极向量控制器，命名为 cc_Pol_L_leg01_monster 建立组，为组命名为 G_cc_Pol_L_leg01_monster，如图 8-13 所示。

图 8-13

第三步，选择腿部根骨骼和脚踝骨骼，加选控制器的组 G_cc_Pol_L_leg01_monster（在 Outliner 里面选择）进行 Point 约束（保持 Maintain Offset 没有被点选上），使得控制器的位置处于两骨骼中间，然后删除约束节点。

第四步，选择膝盖处的骨骼 jnt_L_leg02_monster，加选控制器的组 G_cc_Pol_L_leg01_monster，点击 Constrain—Aim 后面的小方块，打开属性面板，设置参数如图 8-14 所示，然后删除约束节点。

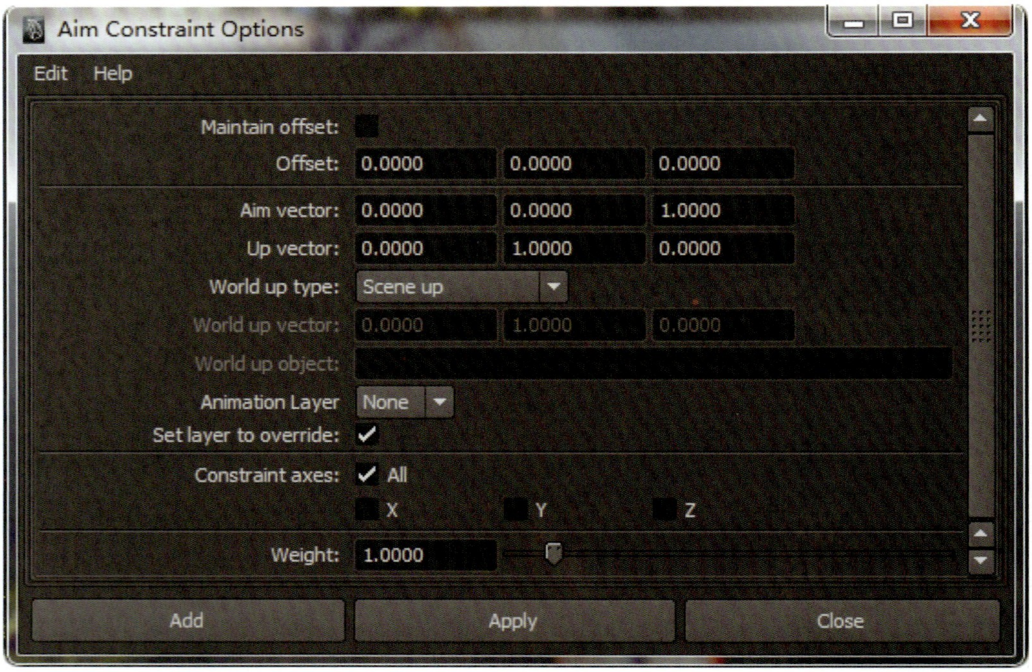

图 8-14

第五步，设置移动命令的参数，使得移动物体沿着物体本身的坐标轴移动，点击 Modify—Transformation Tools—Move Tools 后面的小方块，打开属性面板，设置它的 Move Axis 为 Object，如图 8-15 所示。

第六步，沿着 Z 轴正半轴移动组，拉开一段距离，然后把通道栏中的旋转属性清零。选择控制器 cc_Pol_L_leg01_monster，加选左脚的 IKhandle 手柄 IKHandle_L_leg_monster，点击 constrain—pole vector 进行极向量约束控制。检查一下腿部骨骼的旋转值是否还是为 0，若不为零，说明出现错误，重新操作。为控制器赋予一个颜色。

为右腿做同样的操作。制作完成的图形如图 8-16 所示。

源文件储存在配套光盘的 charactar—animRigging09.mb 文件中。

图 8-15

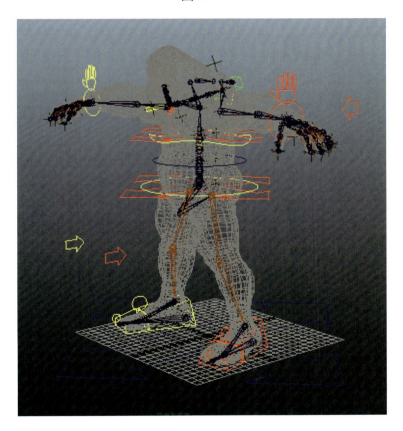

图 8-16

第三节　整理层级关系

（1）整理层级关系，并实现全局缩放。

整理层级关系一般在 Outliner 面板中操作，先打开 Outliner 面板 Window—Outliner。

第一步，选中腿部的两个 IKhandle，建立一个组，将组命名为 G_IKHandle_leg_monster，选中这个组，加选 monster—no translate 层级下的 G_IKhandle_monster，按 p 键。成父子关系。

第二步，选择 G_cc_Pol_L_leg01_monster 和 G_cc_Pol_R_leg01_monster 两个极向量控制器的组，加选腰部黄色控制器 cc_bottom_spine_monster，按 p 键。放在 cc_bottom_spine_monster 的层级下。

第三步，选择两个脚部的控制器的组，加选总控制器 cc_monster，按 p 键，成为总控制器下的子层级，和红色的腰部控制器的组 G_cc_body_monster 处于同一层级。

（2）对控制的属性进行删减，锁定隐藏不必要的属性，防止动画制作时候的误操作。

第一步，选中极向量控制器，极向量控制器只需要它的移动属性，所以锁定隐藏掉除移动属性外的其他属性（Lock and Hide Selected）。

第二步，选择脚部的控制器 cc_R_heel01_monster，cc_R_toe01_monster，cc_R_foot03_monster，cc_R_foot02_monster，cc_L_heel01_monster，cc_L_toe01_monster，cc_L_foot02_monster，cc_L_foot03_monster。这几个控制器只需要旋转属性，索引锁定隐藏掉其他属性。

第三步，选择 cc_R_foot01_monster，cc_L_foot01_monster 两个脚部控制器，这两个不需要缩放控制，所以锁定隐藏掉缩放属性。

第四步，四个脚部的 Locator 的全部的属性锁定并隐藏。

源文件储存在配套光盘的 charactar-animRigging10.mb 文件中。

第九章 头部的初步设置

第一节 颈部的骨骼设置

第一步,在颈部的绑定中用到的是在第四章所介绍的创建的那一套骨骼系统,点击 File—Import 后面的小方块,打开这个命令的属性面板,调节一下里面的设置,点击左上角的 Edit,在弹出的菜单里点击 Reset Settings,重置一下默认设置,在默认设置里把图 9-1 中 Use namespaces 前面的勾取消掉,这样在导入其他的文件物体的时候就不会在文件中的节点名字前面出现文件名了,设置好以后,点击 Import,把第四章做好的文件 charactar—animRigging02.mb 导入进来。

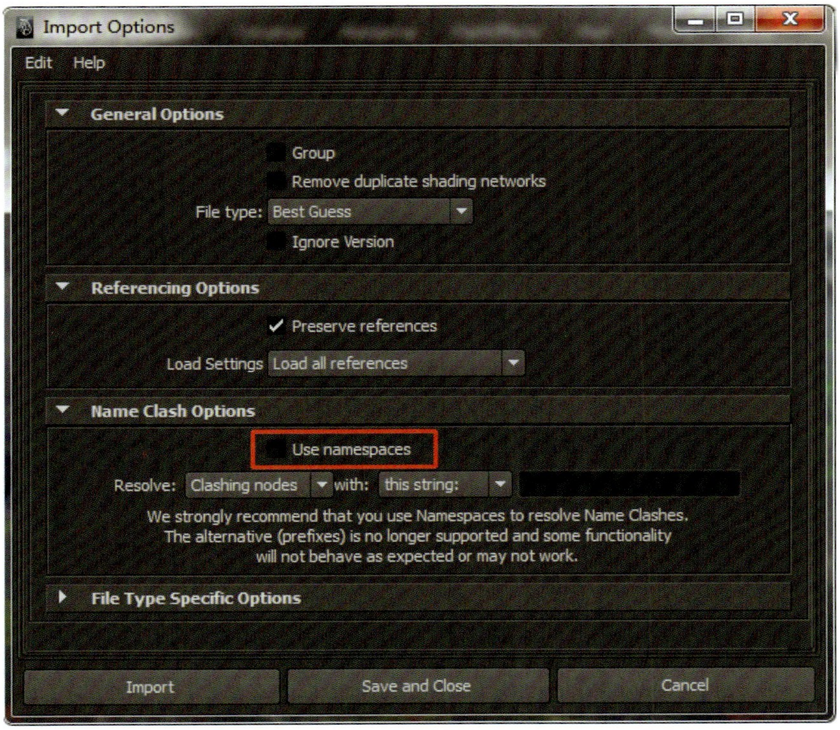

图 9-1

第二步，导入物体的名字是 Spline，这一步修改一下所有导入的物体的名称，点击 Modify—Search and Replace Names，在弹出的对话框中，Search for 里面输入 Spline。在下面的 Replace With 里面输入 Neck，选中所有的导入的物体，点击一下 Replace。这样命名就能正确地把脊柱的绑定改成脖子的绑定了。

第三步，选中组 G_loc_neck_monster，移动和旋转，将它放置在一个脖子合适的位置，然后打开组层级，列出下面的物体，选中 pos_neck01_monster 和 pos_neck03_monster，对这两个 locator 进行移动，把脖子的骨骼对齐，靠近脖子的根部骨骼的 Locator 吸附到胸部骨骼的末端骨骼上，另一个 Locator 放置在头部和脊椎骨骼交接的地方，如图 9-2 所示。

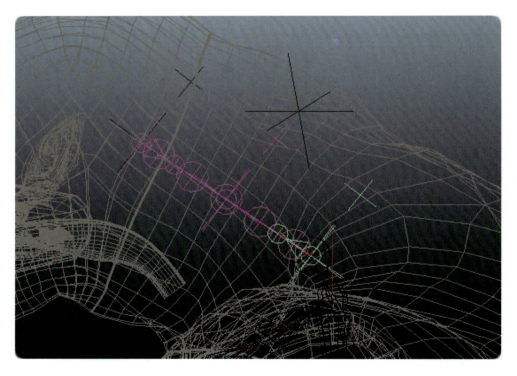

图 9-2

第四步，创建控制器（分析一下脖子的控制器的数量和作用。首先，脖子的两端肯定各有一个控制器，然后像腹部一样，在中间再加一个控制器，以便在做一些脖子的扭动以及夸张的动作时使用。脖子的根部是不能移动的，因为它的位置的移动是由胸部骨骼的位置来带动脖子的移动，所以这个控制器只控制它的旋转。脖子与头部交接地方的控制器不仅要控制脖子的移动，还要控制头部的抬头和旋转，所以这个控制器既控制移动，也控制旋转。脖子中间的控制器也是控制移动和旋转）。

在原点位置创建一个 Polygon 的方盒子，然后用创建 cv 曲线工具围着方盒子，按住

v 键,创建、描边。

创建完成后,选择方盒子删除掉。为刚创建的线框命名为 cc_neck01_bottom_monster,然后用 ctrl+g 建立一个组,为组命名为 G_cc_neck01_bottom_monster。

选择脖子根部的 locator,加选控制器的组,进行点约束和 Orient 约束,对控制器组的位置和旋转进行调整,调整到和 Locator 同样的位置和旋转方向。在组的层级下面找到刚才创建的两个约束节点,删除掉(点击 Modify—Transformation Tools—Move Tool 后面的小方块,打开工具属性面板,在 Move Axis 属性后面选择 object)。

选择组移动 Y 轴,把控制器移动到脖子后面(便于选择)。

选择控制器,按键盘上的 Insert 键,显示物体的中心轴,按住 v 键,移动中心轴到脖子根部 Locator 上,再次按一下 Insert 键,取消显示物体中心轴。

在点层级下调整控制器的形状,如图 9-3 所示。

图 9-3

第四步,选中控制器的组,复制一个,并为之命名 G_cc_neck01_mid_monster,为控制器命名为 cc_neck01_mid_monster。选择组,按住 v 键,移动到中间的 Locator 上。

第五步,选中根部的控制器,加选根部的 Locator 进行 Parent 约束,控制脖子根部的移动和旋转。

选中中间的控制器,加选中间的 Locator,执行 Parent 约束。

第六步,创建一个圆环,命名为 cc_neck01_top_monster,建立组,并为它命名为 G_cc_neck01_top_monster。

选择脖子顶部的 Locator,加选控制器的组,执行 Point 约束和 Orient 约束,在组的层级下找到那两个约束节点并删除。在点层级下对控制器的形状进行调整,使得控制器便于选择和区分。

第七步,选择脖子顶端的控制器,加选 Locator,执行 Parent 约束。

第八步,选择顶部控制器的组 G_cc_neck01_top_monster,加选脖子根部控制器 cc_neck01_bottom_monster,按 p 键,构成父子关系。

第九步,选择脖子根部控制器的组 G_cc_neck01_bottom_monster,加选胸部的控制器 cc_chestOrient_monster,按 p 键,成胸部控制器的子物体。

然后为三个控制器分别赋予一个颜色。

脖子设置基本完成,如图 9-4 所示。

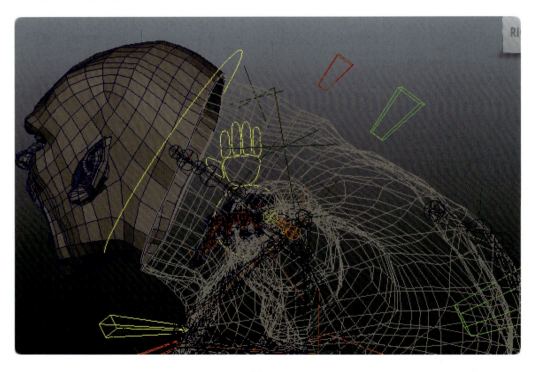

图 9-4

第二节　头部骨骼的初步设置

第一步，创建头部骨骼，如图 9-5 所示，一步步创建，然后选择下颚骨骼加选头部骨骼，按 p 键连接起来。

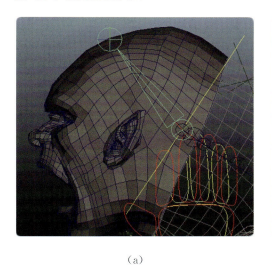

(a)

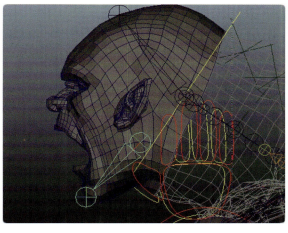

(b)

(c)

图 9-5

第二步，选中眼睛模型，点击 Display—Nurbs—cvs，显示它的 cv 点，再点击 Display—Transform Display—Local Rotation Axes，显示它的旋转轴，然后按住 v 键，创建骨骼，先在旋转轴上创建一个骨骼，再在眼睛中间的 cv 点上创建一个骨骼，这样骨骼的朝向是眼睛模型的朝向，并且骨骼的旋转中心也在模型的中心点上，这样，在旋转骨骼控制眼睛的时候就能达到合适的旋转了。

选中眼睛的骨骼，p 给头部骨骼。

第三步，为骨骼命名，按照刚才骨骼的创建顺序，依次为 jnt_neck01_top_monster，end_head_M_monster，jnt_jaw01_M_monster，end_jaw01_M_monster，jnt_eye01_L_monster，end_eye01_L_monster。

第四步，选中左眼的骨骼，点击 Skeleton—Mirror Joint 后面的小方块，打开工具属性面板，设置属性，在 Search for 后面输入_L_，在 Replace With 后面输入_R_。镜像处理右眼的骨骼。

第五步，创建下颌骨的控制器，建立一个圆环，命名为 cc_jaw01_M_monster，建立组，为组命名为 G_cc_jaw01_M_monster。

选择下颌骨加选控制器的组，执行点约束和 Orient 约束，在组的层级下找到这两个约束并删除掉。

在点模式下调节控制器的形状，并为它赋予一个颜色，便于分辨和选择。

第六步，选择控制器，加选下颌骨，执行 Parent 约束。

第七步，创建一个 Polygon 的方盒子，命名为 cube_head01_M_monster，用头部骨骼对它执行 Point 约束和 Orient 约束，然后删掉约束，把头部骨骼通过建立父子关系给方盒子。选择脖子顶端的控制器 cc_neck01_top_monster，加选方盒子，执行 Parent 约束。

第八步，选择下颌骨的控制器组 G_cc_jaw01_M_monster，加选脖子顶端的控制器 cc_neck01_top_monster，按 p 键，构成父子关系。

头部的初步设置到此先告一段落，眼睛以及舌头等的绑定在面部表情一章中一并介绍。

第三节　整理层级关系

像之前的制作一样，每隔一定的阶段整理一下层级。

打开 Outliner 面板，找到 nurb_neck05_monster，hairSystem1Follicles_neck05_monster 和 G_loc_neck_monster，用 ctrl＋g 创建一个组，为组命名为 neck，把这个组放到层级 monster—no translate 下面。

找到 cube_head01_M_monster，创建一个组，为组命名为 head，也放到层级 Monster—no Translate 下面。

第九章 头部的初步设置

现在层级关系整理完了,但是当我们缩放总控制器的时候,还有一些东西不随总控制器的缩放进行整体的缩放。下面来制作全局缩放。

点击 Window—General Editors—Connection Editor,打开属性连接面板,选择总控制器,点击面板中的 Reload left,选择脖子根部的 locator,pos_neck01_monster,点击 Reload right,把两者的 scale 属性相连,如图 9-6 所示。

图 9-6

同样的方法把 pos_neck02_monster,pos_neck03_monster 和方盒子 cube_head01_M_monster 与总控制的 scale 属性相连,受总控制器的控制。

因为在脖子面片的毛囊上有五个骨骼是独立的,所以需要单独地对它们的缩放进行控制，把这五个骨骼 jnt_neck01_monster，jnt_neck02_monster，jnt_neck03_monster，jnt_neck04_monster，jnt_neck05_monster 用上面的方法进行链接。

源文件放在配套光盘 charactar-animRigging11 中。

身体的绑定到此基本结束，身体目前实现了基本动作的绑定设置，若是项目需要，还可在此基础上为骨骼添加次级控制、骨骼拉伸等效果。绑定是为项目服务，根据项目的要求制作合适的绑定设置，绑定的方法不是固定的，只要掌握好了绑定的思路和原理，就可以随心所欲地做出绑定。所以在学习中，一定不要只追寻绑定的步骤，而是要研究它为什么这样制作，是怎么实现的这种效果的，对于骨骼，层级的关系等一定要掌握好。

第十章

身体蒙皮设置

第一节 蒙皮前的蒙皮骨骼完善

在蒙皮前的绑定设置中,骨骼为了能够实现更大的深入空间,目前的骨骼并不能直接对模型进行蒙皮操作,在四肢的位置,骨骼数量太少导致了手臂和腿部在做运动的时候会产生一些奇怪的变形。

进行下面的操作有两种方式可以解决,一种是利用肌肉进行操作,可以通过添加肌肉来实现真实的模拟。还有一种是通过添加骨骼数量来大致地模拟出扭动的效果。前一种方法模拟得很真实,但缺点是对计算机的要求比较高,计算量大。后一种虽然实现的效果和真实的扭动有一些差别,但其计算量小,实现方便。

下面的讲解就以添加骨骼的方式来进行。

第一步,导入绑定章节中的文件,点击 File—Import 后面的小方块,打开设置面板,如图 10-1 所示进行设置。将 Use namespaces 前面的小框中勾选掉。导入文件 charactar-animRigging02.mb。

第二步,导入后选择 hairSystem1Follicles 和 G_loc_spine_monster,点击 modify—search and replace names。Search for 后面输入 spine,replace with,其后面再输入 arm,点击 replace。

同样的操作再将 monster 替换为 L_monster。然后将面片 nurbsPlane1 重命名为 nurbsPlane_arm_L_monster,将 hairSystem1Follicles 重命为 hairSystem1Follicles_arm_L_monster。然后选择 nurbsPlane_arm_L_monster,hairSystem1Follicles_arm_L_monster 和 G_loc_arm_L_monster,ctrl+g 创建一个组,为组命名为 G_jnt_arm_L_monster。

第三步,再次导入 charactar—animRigging02.mb,和第二步一样为它命名,把 arm 更换为 elbow。

第四步,在原点位置创建一个骨骼,命名为 jnt_elbow_L_monster,创建一个组,为组命名为 G_jnt_elbow_L_monster,选择组,再加选 pro_L_elbow01_monster,按 p 键,然后

把组的通道属性值全部清零。

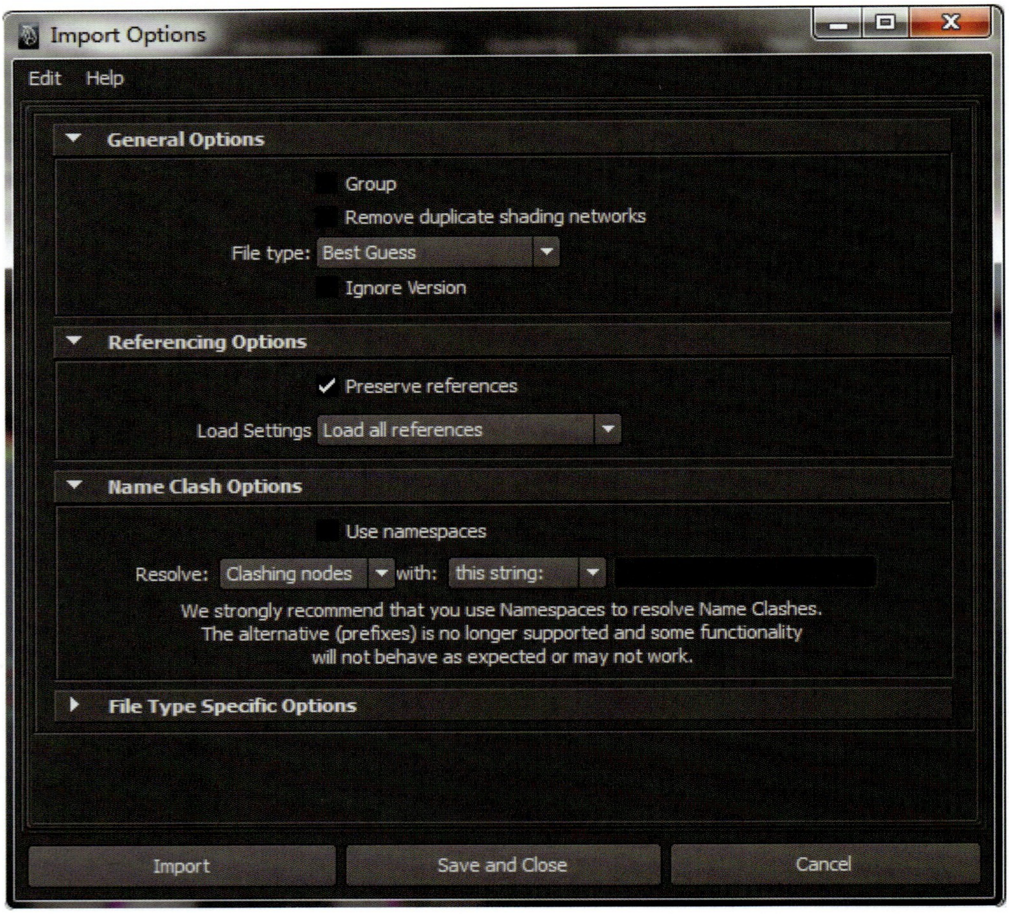

图 10-1

第五步，选择 G_loc_arm_L_monster 和 G_loc_elbow_L_monster，移动到上臂位置，旋转到匹配位置。应该注意的是，Locator 旋转 Z 轴的时候，旋转 90°后就会出现扭曲，所以要避免这个轴向。肘部骨骼在做旋转的时候，骨骼的 Z 轴是不旋转的，所以把骨骼的 Z 轴的旋转对应到上臂的 Locator 的 Z 轴上。手腕处的轴旋转幅度不大，所以把下手臂的 Y 轴对应到小手臂的 Locator 的 Z 轴上。然后按住 v 键，把对应的 Locator 移动到骨骼点上，如图 10-2 所示。

第六步，选择骨骼 jnt_elbow_L_monster，加选 pos_arm01_L_monster，执行 Parent 约束，jnt_elbow_L_monster 对 pos_elbow03_L_monster，执行 Parent 约束。

选择 pro_L_arm01_monster，加选 pos_arm03_L_monster，执行 Point 约束。

选择 jnt_L_hand01_monster，加选 pos_elbow01_L_monster，执行 Parent 约束。

同样的操作应用于右手臂、左腿和右腿。分别都为它们制作上这些骨骼。将左手臂的两个组选中再创建一个组,命名为 G_twist_arm_L_monster,右手臂同样地建立组,命名为 G_twist_arm_R_monster,左腿的组命名为 G_twist_leg_L_monster,右腿的组命名为 G_twist_leg_R_monster。

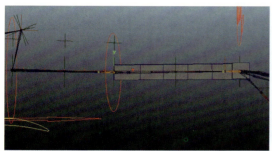 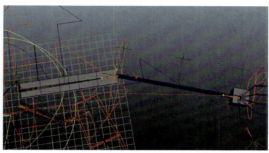

图 10-2

在腿部的制作中,不用单独制作一个骨骼放在腿部的膝盖处,直接用膝盖处的骨骼对 Locator 执行 Parent 约束即可。

此制作完成,如图 10-3 所示。

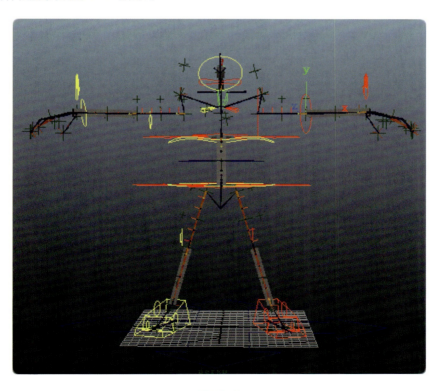

图 10-3

第七步，打开 Connection Editor 属性连接面板，把总控制器的 scale 属性连接到创作出来的最高层级 Locator 的 Scale 属性和毛囊下的每个骨骼上，来控制骨骼的缩放。这样就能通过调节控制器的缩放来控制整个角色的大小。

可以通过表达式快速地实现连接的创建，表达式如下：

connectAttr -force cc_monster. scale |G_twist_leg_R_monster|G_jnt_legUp_R_monster|G_loc_legUp_R_monster|pos_legUp01_R_monster. scale；

connectAttr -force cc_monster. scale |G_twist_leg_R_monster|G_jnt_legUp_R_monster|G_loc_legUp_R_monster|pos_legUp02_R_monster. scale；

connectAttr -force cc_monster. scale |G_twist_leg_R_monster|G_jnt_legUp_R_monster|G_loc_legUp_R_monster|pos_legUp03_R_monster. scale；

connectAttr -force cc_monster. scale |G_twist_leg_R_monster|G_jnt_legBottom_R_monster|G_loc_legBottom_R_monster|pos_legBottom01_R_monster. scale；

connectAttr -force cc_monster. scale |G_twist_leg_R_monster|G_jnt_legBottom_R_monster|G_loc_legBottom_R_monster|pos_legBottom02_R_monster. scale；

connectAttr -force cc_monster. scale |G_twist_leg_R_monster|G_jnt_legBottom_R_monster|G_loc_legBottom_R_monster|pos_legBottom03_R_monster. scale；

connectAttr -force cc_monster. scale |G_twist_leg_L_monster|G_jnt_legUp_L_monster|G_loc_legUp_L_monster|pos_legUp01_L_monster. scale；

connectAttr -force cc_monster. scale |G_twist_leg_L_monster|G_jnt_legUp_L_monster|G_loc_legUp_L_monster|pos_legUp02_L_monster. scale；

connectAttr -force cc_monster. scale |G_twist_leg_L_monster|G_jnt_legUp_L_monster|G_loc_legUp_L_monster|pos_legUp03_L_monster. scale；

connectAttr -force cc_monster. scale |G_twist_leg_L_monster|G_jnt_legBottom_L_monster|G_loc_legBottom_L_monster|pos_legBottom01_L_monster. scale；

connectAttr -force cc_monster. scale |G_twist_leg_L_monster|G_jnt_legBottom_L_monster|G_loc_legBottom_L_monster|pos_legBottom02_L_monster. scale；

connectAttr -force cc_monster. scale |G_twist_leg_L_monster|G_jnt_legBottom_L_monster|G_loc_legBottom_L_monster|pos_legBottom03_L_monster. scale;

connectAttr -force cc_monster. scale |G_twist_arm_R_monster|G_jnt_arm_R_monster|G_loc_arm_R_monster|pos_arm01_R_monster. scale;

connectAttr -force cc_monster. scale |G_twist_arm_R_monster|G_jnt_arm_R_monster|G_loc_arm_R_monster|pos_arm02_R_monster. scale;

connectAttr -force cc_monster. scale |G_twist_arm_R_monster|G_jnt_arm_R_monster|G_loc_arm_R_monster|pos_arm03_R_monster. scale;

connectAttr -force cc_monster. scale |G_twist_arm_R_monster|G_jnt_elbow_R_monster|G_loc_elbow_R_monster|pos_elbow01_R_monster. scale;

connectAttr -force cc_monster. scale |G_twist_arm_R_monster|G_jnt_elbow_R_monster|G_loc_elbow_R_monster|pos_elbow02_R_monster. scale;

connectAttr -force cc_monster. scale |G_twist_arm_R_monster|G_jnt_elbow_R_monster|G_loc_elbow_R_monster|pos_elbow03_R_monster. scale;

connectAttr -force cc_monster. scale |G_twist_arm_L_monster|G_jnt_elbow_L_monster|G_loc_elbow_L_monster|pos_elbow01_L_monster. scale;

connectAttr -force cc_monster. scale |G_twist_arm_L_monster|G_jnt_elbow_L_monster|G_loc_elbow_L_monster|pos_elbow02_L_monster. scale;

connectAttr -force cc_monster. scale |G_twist_arm_L_monster|G_jnt_elbow_L_monster|G_loc_elbow_L_monster|pos_elbow03_L_monster. scale;

connectAttr -force cc_monster. scale |G_twist_arm_L_monster|G_jnt_arm_L_monster|G_loc_arm_L_monster|pos_arm01_L_monster. scale;

connectAttr -force cc_monster. scale |G_twist_arm_L_monster|G_jnt_arm_L_monster|G_loc_arm_L_monster|pos_arm02_L_monster. scale;

connectAttr -force cc_monster. scale |G_twist_arm_L_monster|G_jnt_arm_L_ monster|G_loc_arm_L_monster|pos_arm03_L_monster. scale；

  这个是对 Locator 的缩放属性的连接。

  connectAttr -force cc_monster. scale｜G_twist_arm_R_monster｜G_jnt_elbow_R_monster|hairSystem1Follicles_elbow_R_monster|Follicle_elbow02_R_monster|jnt_elbow02_R_monster. scale；

  connectAttr -force cc_monster. scale｜G_twist_arm_R_monster｜G_jnt_elbow_R_monster|hairSystem1Follicles_elbow_R_monster|Follicle_elbow03_R_monster|jnt_elbow03_R_monster. scale；

  connectAttr -force cc_monster. scale｜G_twist_arm_R_monster｜G_jnt_elbow_R_monster|hairSystem1Follicles_elbow_R_monster|Follicle_elbow01_R_monster|jnt_elbow01_R_monster. scale；

  connectAttr -force cc_monster. scale｜G_twist_arm_R_monster｜G_jnt_elbow_R_monster|hairSystem1Follicles_elbow_R_monster|Follicle_elbow04_R_monster|jnt_elbow04_R_monster. scale；

  connectAttr -force cc_monster. scale｜G_twist_arm_R_monster｜G_jnt_elbow_R_monster|hairSystem1Follicles_elbow_R_monster|Follicle_elbow05_R_monster|jnt_elbow05_R_monster. scale；

  connectAttr -force cc_monster. scale｜G_twist_arm_R_monster｜G_jnt_arm_R_monster|hairSystem1Follicles_arm_R_monster|Follicle_arm01_R_monster|jnt_arm01_R_monster. scale；

  connectAttr -force cc_monster. scale｜G_twist_arm_R_monster｜G_jnt_arm_R_monster|hairSystem1Follicles_arm_R_monster|Follicle_arm02_R_monster|jnt_arm02_R_monster. scale；

  connectAttr -force cc_monster. scale｜G_twist_arm_R_monster｜G_jnt_arm_R_monster|hairSystem1Follicles_arm_R_monster|Follicle_arm03_R_monster|jnt_arm03_R_monster. scale；

  connectAttr -force cc_monster. scale｜G_twist_arm_R_monster｜G_jnt_arm_R_monster|hairSystem1Follicles_arm_R_monster|Follicle_arm04_R_monster|jnt_arm04_R_monster. scale；

  connectAttr -force cc_monster. scale｜G_twist_arm_R_monster｜G_jnt_arm_R_monster|hairSystem1Follicles_arm_R_monster|Follicle_arm05_R_monster|jnt_arm05_R_monster. scale；

connectAttr -force cc_monster. scale |G_twist_arm_L_monster|G_jnt_arm_L_monster|hairSystem1Follicles_arm_L_monster|Follicle_arm01_L_monster|jnt_arm01_L_monster. scale;

connectAttr -force cc_monster. scale |G_twist_arm_L_monster|G_jnt_arm_L_monster|hairSystem1Follicles_arm_L_monster|Follicle_arm02_L_monster|jnt_arm02_L_monster. scale;

connectAttr -force cc_monster. scale |G_twist_arm_L_monster|G_jnt_arm_L_monster|hairSystem1Follicles_arm_L_monster|Follicle_arm03_L_monster|jnt_arm03_L_monster. scale;

connectAttr -force cc_monster. scale |G_twist_arm_L_monster|G_jnt_arm_L_monster|hairSystem1Follicles_arm_L_monster|Follicle_arm04_L_monster|jnt_arm04_L_monster. scale;

connectAttr -force cc_monster. scale |G_twist_arm_L_monster|G_jnt_arm_L_monster|hairSystem1Follicles_arm_L_monster|Follicle_arm05_L_monster|jnt_arm05_L_monster. scale;

connectAttr -force cc_monster. scale |G_twist_arm_L_monster|G_jnt_elbow_L_monster|hairSystem1Follicles_elbow_L_monster|Follicle_elbow01_L_monster|jnt_elbow01_L_monster. scale;

connectAttr -force cc_monster. scale |G_twist_arm_L_monster|G_jnt_elbow_L_monster|hairSystem1Follicles_elbow_L_monster|Follicle_elbow02_L_monster|jnt_elbow02_L_monster. scale;

connectAttr -force cc_monster. scale |G_twist_arm_L_monster|G_jnt_elbow_L_monster|hairSystem1Follicles_elbow_L_monster|Follicle_elbow03_L_monster|jnt_elbow03_L_monster. scale;

connectAttr -force cc_monster. scale |G_twist_arm_L_monster|G_jnt_elbow_L_monster|hairSystem1Follicles_elbow_L_monster|Follicle_elbow04_L_monster|jnt_elbow04_L_monster. scale;

connectAttr -force cc_monster. scale |G_twist_arm_L_monster|G_jnt_elbow_L_monster|hairSystem1Follicles_elbow_L_monster|Follicle_elbow05_L_monster|jnt_elbow05_L_monster. scale;

connectAttr -force cc_monster. scale |G_twist_leg_R_monster|G_jnt_legUp_R_monster|hairSystem1Follicles_legUp_R_monster|Follicle_legUp01_R_monster|jnt_legUp01_R_monster. scale;

　　connectAttr -force cc_monster. scale |G_twist_leg_R_monster|G_jnt_legUp_R_monster|hairSystem1Follicles_legUp_R_monster|Follicle_legUp02_R_monster|jnt_legUp02_R5_monster. scale;

　　connectAttr -force cc_monster. scale |G_twist_leg_R_monster|G_jnt_legUp_R_monster|hairSystem1Follicles_legUp_R_monster|Follicle_legUp03_R_monster|jnt_legUp03_R_monster. scale;

　　connectAttr -force cc_monster. scale |G_twist_leg_R_monster|G_jnt_legUp_R_monster|hairSystem1Follicles_legUp_R_monster|Follicle_legUp04_R_monster|jnt_legUp04_R_monster. scale;

　　connectAttr -force cc_monster. scale |G_twist_leg_R_monster|G_jnt_legUp_R_monster|hairSystem1Follicles_legUp_R_monster|Follicle_legUp05_R_monster|jnt_legUp05_R_monster. scale;

　　connectAttr -force cc_monster. scale |G_twist_leg_R_monster|G_jnt_legBottom_R_monster|hairSystem1Follicles_legBottom_R_monster|Follicle_legBottom01_R_monster|jnt_legBottom01_R_monster. scale;

　　connectAttr -force cc_monster. scale |G_twist_leg_R_monster|G_jnt_legBottom_R_monster|hairSystem1Follicles_legBottom_R_monster|Follicle_legBottom02_R_monster|jnt_legBottom02_R_monster. scale;

　　connectAttr -force cc_monster. scale |G_twist_leg_R_monster|G_jnt_legBottom_R_monster|hairSystem1Follicles_legBottom_R_monster|Follicle_legBottom03_R_monster|jnt_legBottom03_R_monster. scale;

　　connectAttr -force cc_monster. scale |G_twist_leg_R_monster|G_jnt_legBottom_R_monster|hairSystem1Follicles_legBottom_R_monster|Follicle_legBottom04_R_monster|jnt_legBottom04_R_monster. scale;

　　connectAttr -force cc_monster. scale |G_twist_leg_R_monster|G_jnt_legBottom_R_monster|hairSystem1Follicles_legBottom_R_monster|Follicle_legBottom05_R_monster|jnt_legBottom05_R_monster. scale;

　　connectAttr -force cc_monster. scale |G_twist_leg_L_monster|G_jnt_legUp_L_monster|hairSystem1Follicles_legUp_L_monster|Follicle_legUp01_L_monster|jnt_legUp01_L_monster. scale;

　　connectAttr -force cc_monster. scale |G_twist_leg_L_monster|G_jnt_legUp_L_ monster|hairSystem1Follicles_legUp_L_monster|Follicle_legUp02_L_monster|jnt_legUp02_L_monster.scale;

　　connectAttr -force cc_monster.scale |G_twist_leg_L_monster|G_jnt_legUp_L_monster|hairSystem1Follicles_legUp_L_monster|Follicle_legUp03_L_monster|jnt_legUp03_L_monster.scale;

　　connectAttr -force cc_monster.scale |G_twist_leg_L_monster|G_jnt_legUp_L_monster|hairSystem1Follicles_legUp_L_monster|Follicle_legUp04_L_monster|jnt_legUp04_L_monster.scale;

　　connectAttr -force cc_monster.scale |G_twist_leg_L_monster|G_jnt_legUp_L_monster|hairSystem1Follicles_legUp_L_monster|Follicle_legUp05_L_monster|jnt_legUp05_L_monster.scale;

　　connectAttr -force cc_monster.scale |G_twist_leg_L_monster|G_jnt_legBottom_L_monster|hairSystem1Follicles_legBottom_L_monster|Follicle_legBottom01_L_monster|jnt_legBottom01_L_monster.scale;

　　connectAttr -force cc_monster.scale |G_twist_leg_L_monster|G_jnt_legBottom_L_monster|hairSystem1Follicles_legBottom_L_monster|Follicle_legBottom02_L_monster|jnt_legBottom02_L_monster.scale;

　　connectAttr -force cc_monster.scale |G_twist_leg_L_monster|G_jnt_legBottom_L_monster|hairSystem1Follicles_legBottom_L_monster|Follicle_legBottom03_L_monster|jnt_legBottom03_L_monster.scale;

　　connectAttr -force cc_monster.scale |G_twist_leg_L_monster|G_jnt_legBottom_L_monster|hairSystem1Follicles_legBottom_L_monster|Follicle_legBottom04_L_monster|jnt_legBottom04_L_monster.scale;

　　connectAttr -force cc_monster.scale |G_twist_leg_L_monster|G_jnt_legBottom_L_monster|hairSystem1Follicles_legBottom_L_monster|Follicle_legBottom05_L_monster|jnt_legBottom05_L_monster.scale;

　　这些是对骨骼的缩放属性连接的表达式。

　　可以观察一下这些表达式，它们的句式是一样的，写完一个连接，其他的通过复制，只需改变一下所要连接的物体的名字就可以。

　　第八步，整理层级关系，选中四肢的四个组 G_twist_arm_L_monster、G_twist_arm_R_monster、G_twist_leg_R_monster 和 G_twist_leg_L_monster，用 ctrl＋g 创建一个组，为新组命名为 G_twist_monster，把新组放在层级 monster—no_translate 下面。

源文件储存在配套光盘 charactar-animSkin02 文件中。

第二节　为蒙皮做初步的设置

蒙皮之前,要先做一些操作,检查一下模型,骨骼是否对称,并且完成后要删除不必要的历史信息,防止再蒙皮后出现未知错误。

以配套光盘中的模型文件来示范,打开配套光盘 charactar-animSkin02.mb 的文件。

首先要对模型进行整合,把模型整合成一个模型。

第一步,显示边界线,查看模型是否有漏洞,点击 Display—Polygons—Border Edges,然后设置一下边界线的粗细,点击 Display—Polygons—Edge Width。

第二步,检查没有问题后,选择脚的模型和身体的模型,在 polygon 模块下,点击 Mesh—Combine 合并模型,然后选择合并边界上的没有合并上的所有点,点击 Edit Mesh—Merge 后的小方块,打开属性面板,设置如图 10-4 所示。这个时候,会发现接口处的线变细了,说明点合并上了。

图 10-4

第三步,同样的方法把头部、手部和身体也合并到一起。

第四步,选择身体的模型,点击 Edit—Delete by Type—History,删除历史信息。

第五步,删除场景中所有的显示图层。选择身体模型,ctrl＋d 复制一个,创建两个层,把模型添加到第一个层中,点击层前面的第一个按钮,把层隐藏掉。为层重命名为 model_low_layer。

第六步,选择另一个身体模型,点击 Mesh—Smooth。创建一个新层,把模型添加进去,为层命名 model_high。添加到第二个层中,层命名为 body_high_layer。

第七步,把剩下的其他模型的组再放到一个层中,层命名为 other_layer。

第八步,打开 Outliner 面板,整理模型的层级关系,这个层级关系主要是为了在以后的操作中便于寻找和归类,将类似的物体归放到一个层级里面。重新命名,便于以后的查找。

在层级 Monster—Model 下将上牙齿的所有模型创建一个组,命名为 tooth_L,将下牙齿的所有模型创建一个组,命名为 tooth_bottom,将舌头命名为 tongue,牙齿、舌头和上下颌共同创建一个组,命名为 mouth。

将左手手指上的指甲创建一个组,命名为 hand_L,右手手指上指甲也创建一个组,命名为 hand_R,相应地,左脚的指甲命名为 foot_L,右脚的指甲命名为 foot_R。

对低精度模命名为 body_low,为 smooth 过的模型命名为 body_high。

删除历史信息。

原文件储存在配套光盘 charactar-animSkin03.mb 文件中。

第三节　为身体蒙皮

首先选中低精度模型,加选 smooth 过的模型,然后在脚本框中运行下面的表达式:
　　select -add "jnt * ";

这个时候所有的开头是 jnt 的骨骼都被选中了,然后点击 Skin—Bind skin—Smooth bind 后面的小方块,打开属性面板,设置参数如图 10-5 所示。

图 10-5

现在模型被初步地蒙皮了，控制一下控制器，就会发现模型跟着动了，但是这样的蒙皮是不能参与到项目制作中的，还要对模型的蒙皮权重进行调整，就是刷权重。

刷权重是一个细心的工作，不是说技术到了就能刷好，所以在下面的讲解中，蒙皮的操作会介绍得不如绑定时那么详细，跨幅会很大。

首先先把 model_low 这个层隐藏掉，只对低模型进行刷权重，刷完后直接复制权重就完成了，高模型刷权重不恰当，工作量也大，而且很难操控。如果说用到的渲染器是 Renderman 或者 Mantel ray 等渲染器而不是 Maya 默认的渲染器的话，那么模型可以不用 Smooth。

第一步，先为蒙皮骨骼分配大致的权重，选择模型，点击 Skin—Edit Smoothskin—Paint Skin Weights Tool 后面的小方块，这时模型会变成黑色，并且弹出一个窗口，如图 10-6 所示（弹出窗口时从设置里面设置的，有的 Maya 软件没有做设置会在通道栏的位置出现）。

图 10-6

第十章　身体蒙皮设置

在 Maya 2011 里面,权重笔刷工具变化很大,较之以前的版本,把许多的工具融合到了一起。

现在第一遍要刷的是大致的权重,就像绘画一样,先起个大形,起完大形再抠细节。刷权重也是如此。

首先调节一下笔刷的设置,将 Profile 选择第三种形式,Normal Weight 选项选择 Interactive,Paint Operation,后面选择 Replace,Opacity 和 Value 都是 1。用这样的设置来刷权重,按住 b 键,左右拖动左键可以调节笔刷的大小。设置如图 10-7 所示。

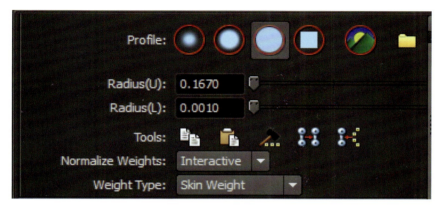

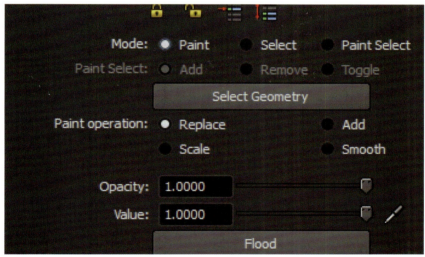

图 10-7

这样刷出来的权重每个点都只受到一个骨骼的控制,可以在以后的制作中控制住权重的分布。

刷权重的时候把一个骨骼所涵盖的皮肤的点全部刷给这一个骨骼,如图 10-8 所示。第一遍刷的主要目的是为了把凌乱的权重刷得规整一些,因为刚通过柔性蒙皮后的权重是电脑根据模型上的点离骨骼的距离计算权重的多少,之前进行蒙皮时候的 Smooth bind 设置里面的 Max Influence 和 Dropoff Rate 两个设置属性,就是对初始蒙皮时权重的分配而设置的。通过这样以 value 值为 1 对全身的骨骼刷上一遍,就可以把全身所有的点都只归于一个骨骼上,就不像初始蒙皮的权重,一个点有很多的骨骼控制,再调节全重分配的时候,不能够确保无用的骨骼对某个点的控制权重的多少。当把所有的权重值给一个附近的骨骼时,在以后调节权重,需要那个骨骼对点多少权重时,直接用 add 工具添加权重分配就可以了,这样新添加的骨骼权重的多少就是原始骨骼所占有的权重失去的多少,能够控制住权重的分配。

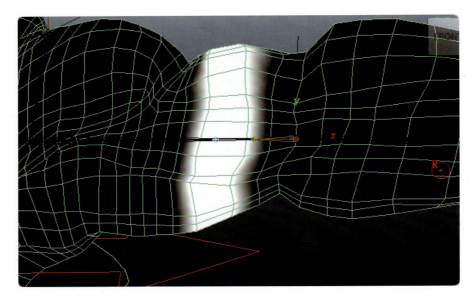

图 10-8

在刷的时候,宁可把点刷多了,绝不可以刷少了,刷多了可以找到应该匹配的骨骼再把权重找回来,但是一旦刷少了,权重就可能乱掉,当发现有漏掉的点没刷的时候,附近可能一片的点都要重新再这样刷一遍。如图 10-9 所示,就是因为少刷了,漏掉了部分点所导致的问题。第一遍刷的时候绝不可以出现彩色的权重,只能出现权重为 1 或者为 0,刷的时候一定仔细检查。

应该注意的是,因为这个绑定的骨骼有些复杂,很多的骨骼是交互在一起的,所以刷权重的时候有些点不容易分清权重骨骼,这个时候想一下解剖学知识,如果实在分不出来,那就先大体的按照距离的远近来进行权重划分。另外,刷的时候只刷一边就可以了,另一边可以通过镜像权重工具镜像过去,习惯性上一般先刷左边。

第二步,镜像权重。先离开刷权重的模式,恢复到普通的状态(按一下移动键 w 或者旋转 e 等),选择模型,点击 Skin—Edit Smooth Skin—Mirror Skin Weights 后面的小方块,打开设置面板,如图 10-10 所示的设置。

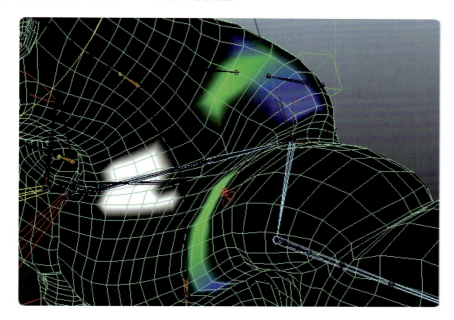

图 10-9

图 10-10

第一项 Mirror across 后面的三个选项分别是镜像的三种方式,第一个是以 XY 两个轴形成的面,两边镜像对称,也就是在世界坐标位置中,XY 轴的坐标位置相同,Z 轴相反的两个点的权重值匹配到 XY 轴的左边值相同 Z 轴相反的骨骼,第二个是以 YZ 轴形成的面,第三个是以 ZY 轴形成的面。

第二项 Direction：Position to negative（+X to −X），这个选项是镜像的方向，点选上这个选项，世界坐标的负方向上的点的权重值和正方向上的值相同，正方向的权重值不变。没有点选，正方向上的权重值和负方向上的值相同，负方向的权重值不变。

镜像权重后，右边的权重值和左边正好对称。

现在第一遍权重刷完了，下面就进行对权重的细刷。

源文件储存在配套光盘 charactar-animSkin04. mb 文件中。

第三步，在细刷权重之前先为这套做好的绑定文件做一个简单动画，因为在刷权重的时候，要通过运动关节来检查一下权重刷的是否正确，要尽可能地使得关节运动带动的模型出现合理的肌肉变形。

先为腹部刷权重。

首先为腹部做一段动画。

选中腹部的五个控制器，把时间轴拖到第 1 帧，按一下 s 键，为控制器所有的属性 Key 一个关键帧，然后把时间滑块拖动到第 20 帧。把自动关键帧打开，如图 10-11 所示的图标。

图 10-11

自动 Key 关键帧被点选上后，当再次调整已经被 Key 过帧的物体时，会自动为调整过的动画 Key 关键帧。

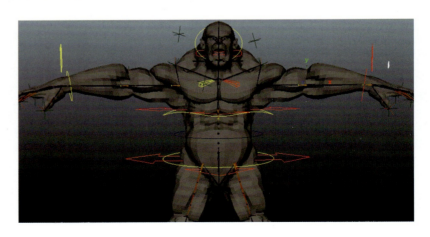

第 1 帧

图 10-12

第十章 身体蒙皮设置

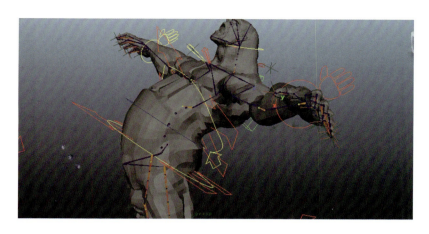

第 20 帧

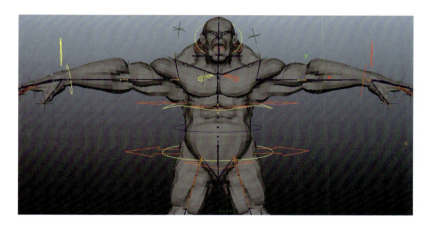

第 25 帧

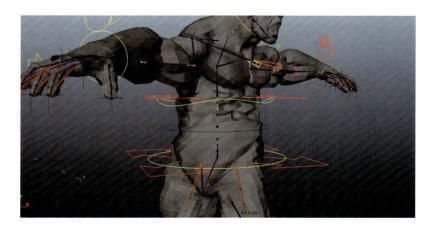

第 35 帧

(续)图 10-12

通过观察，会发现，在做动作的时候，产生了一些不合理的扭曲，如图10-13所示，出现很多的穿插和褶皱，下一步，我们就来一点一点地将它进行平滑过渡。

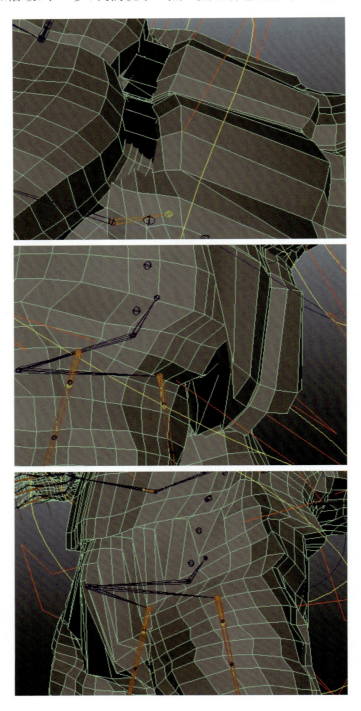

图 10-13

选择模型,点击 Skin—Edit Smooth Skin—Paint Skin Weights Tool。把笔刷的 Opacity 调为 0.2,把 value 值调为 0.2,把 Paint Operation 调为 Add。这样每次刷一笔权重,就为刷过的点加 0.2*0.2=0.04 的权重值,如果感觉小可以调大一些刷。但是最好或者一定是以 Add 的方式刷,Add 是在原有的基础上增加权重,Replace 是用笔刷的权重大小替换到当前点的权重值的大小。Scale 是乘法计算,假如模型原有点的权重为 0.2,笔刷的 Opacity 的值为 0.5,value 为 0.4 的话,那么在这个点上刷一次,点的权重值就变为0.2*0.5*0.4=0.04。Smooth 是平滑权重,它会根据周围权重值的大小对点的权重进行平滑过渡,不易控制,尽量不要用(见图 10-14)。

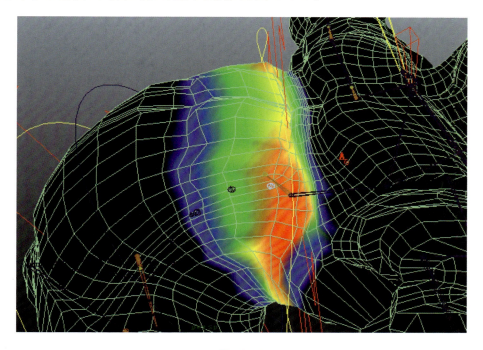

图 10-14

用小笔刷一点一点的找回权重,通过刷权重使得角色在运动的时候,肌肉产生平滑的过渡。在 Maya 2011 版本之前的版本中,都是以黑白来表示的权重,白色表示 1,黑色表示 0,中间灰色的多少表示了权重分配的大小。在 Maya 2011 版中,有了色彩的变化,色彩的范围表示了权重的大小,这个范围可以调节,一般用默认就可以,默认权重值由 0 到 1,颜色变化为由冷色变为暖色,最后为白色。

在刷权重的时候,通过移动时间滑块,从不同的动作来刷权重,最大可能地使得每个动作都能正确过渡,如图 10-15 所示。

做完一遍后,用镜像权重工具镜像出右边的权重,如果想要观察一下在高精度模型上的运动状态,可以选择模型,按 3 键,平滑显示。但是这样计算量相当大。也可以用之前做好的 Smooth 过的模型观察。

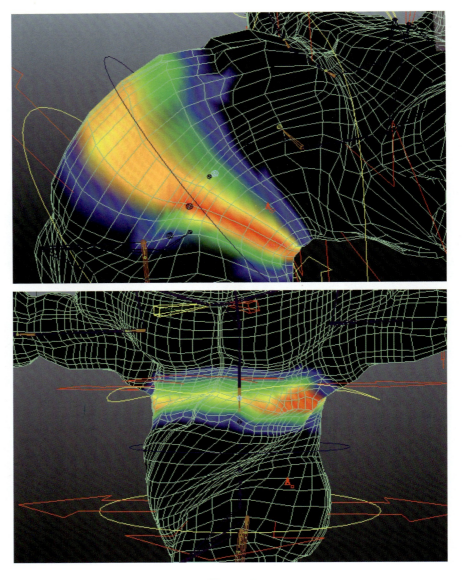

图 10-15

先选择低精度模型，再加选 Smooth 过的模型，点击 Skin—Edit Smooth Skin—Copy Skin Weights。

这样 Smooth 过的模型的权重分配就和低模型的一样了。虽然模型 Smooth 过，面数增加了很多，但是相对于按 3 键显示的平滑显示，计算量还是会小一些，浏览的时候，电脑的运算要快得多。

（注意：在对模型的权重进行镜像的时候一定要在绑定前的初始姿势下进行。）

下一步,再为腿部做一段动画,为腿部细刷一下权重,如图 10-16。

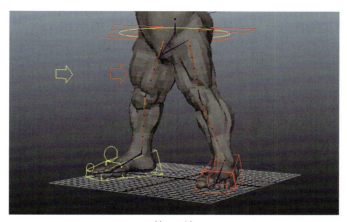

第 36 帧

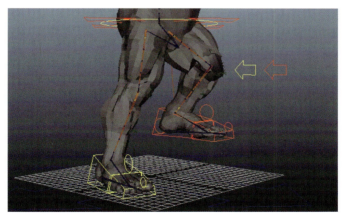

第 45 帧

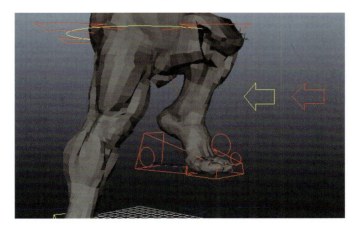

第 55 帧

图 10-16

在没有细刷过的角色中出现了很多的穿插,下面就是用小笔刷修改权重,拖动时间滑块,改变不同的动作,尽量地使得每一个动作都能产生正确的变形(见图10-17)。

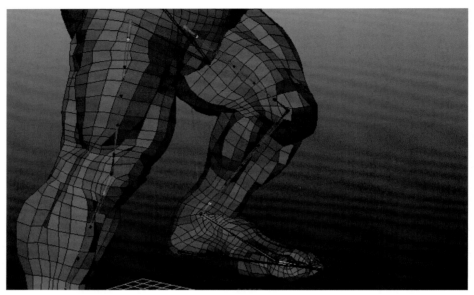

(a)

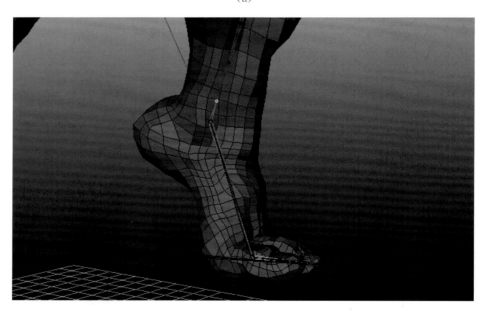

(b)

图 10-17

权重的刷法是一样的,我们为剩下的部分做好动画,刷好权重(图 10-18)。

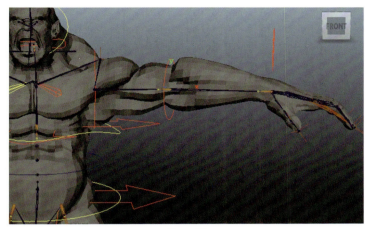

第 60 帧

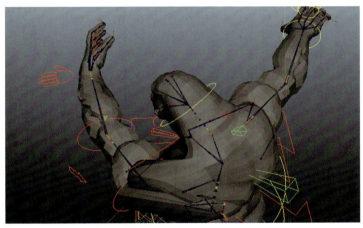

第 70 帧

第 80 帧

图 10-18

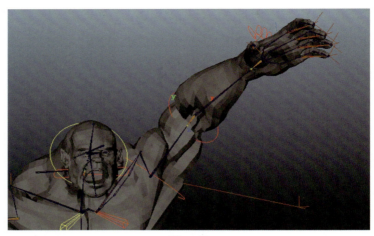

第 90 帧

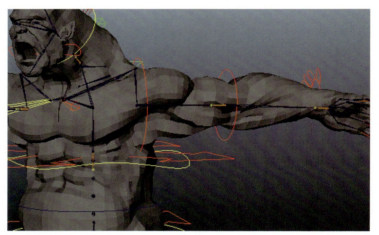

第 100 帧

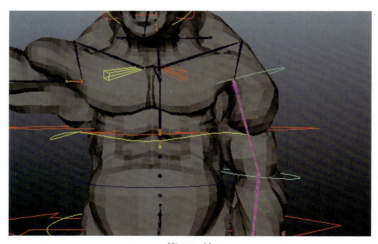

第 110 帧

(续)图 10-18

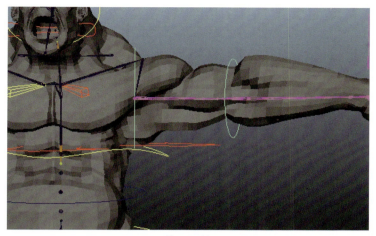

第 120 帧

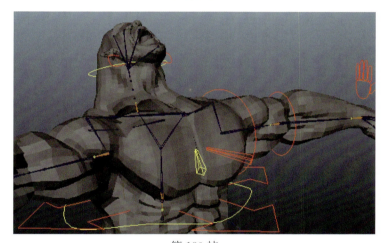

第 130 帧

第 150 帧

(续)图 10-18

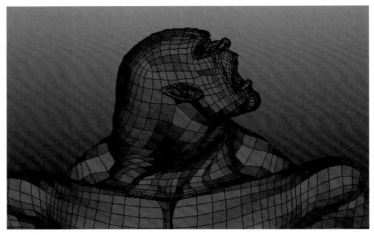

第 160 帧

第 170 帧

第 180 帧

(续)图 10-18

第十章 身体蒙皮设置

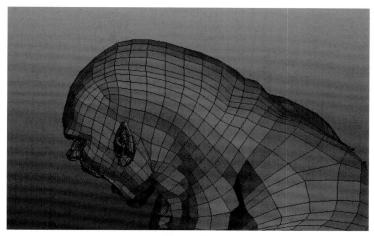

第 190 帧

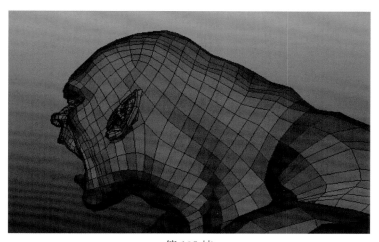

第 195 帧

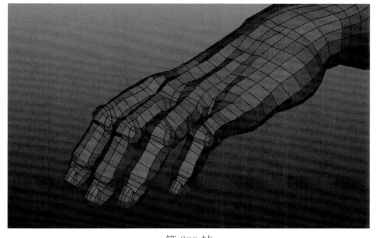

第 200 帧

(续) 图 10-18

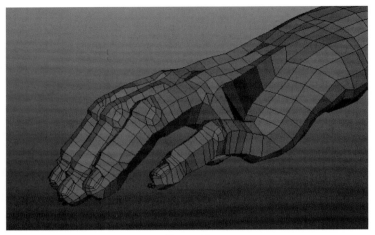

第 205 帧

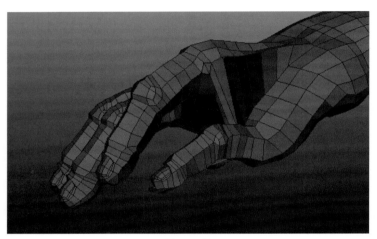

第 210 帧

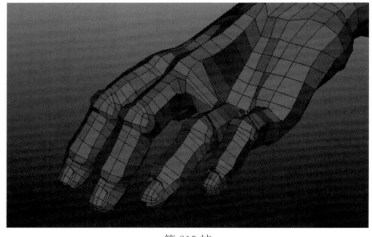

第 215 帧

(续)图 10-18

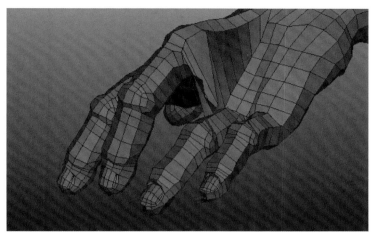

第 220 帧

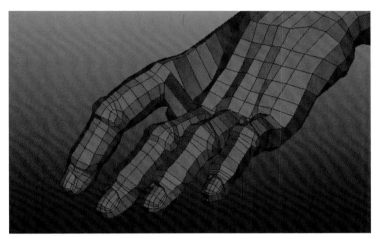

第 225 帧

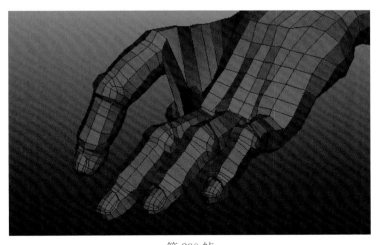

第 230 帧

(续)图 10-18

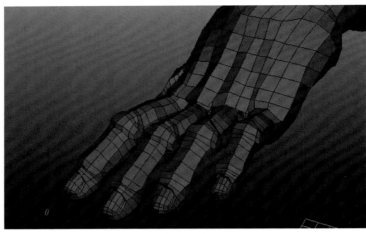

第 235 帧

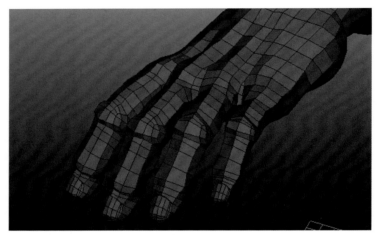

第 240 帧

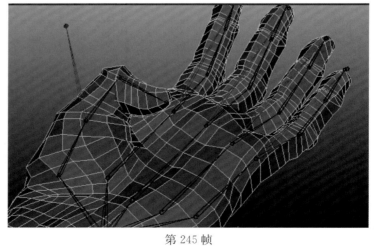

第 245 帧

(续)图 10-18

第十章　身体蒙皮设置

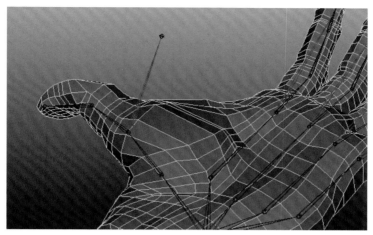

第 250 帧

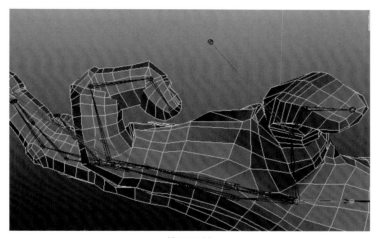

第 260 帧

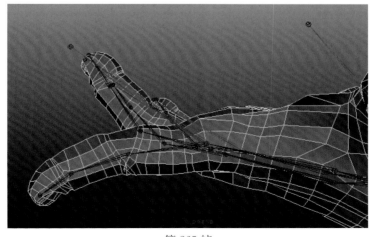

第 265 帧

(续)图 10-18

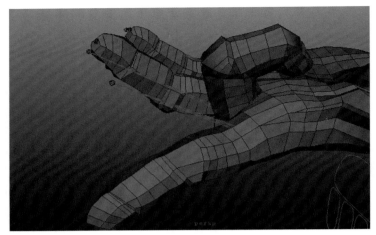

第 275 帧

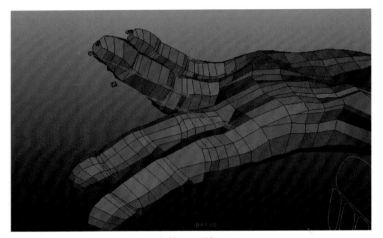

第 280 帧

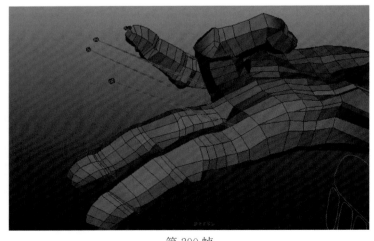

第 290 帧

(续)图 10-18

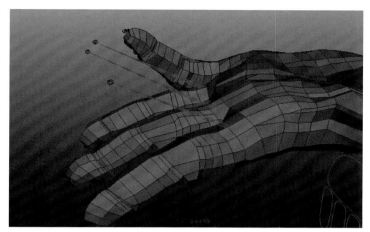

第 295 帧

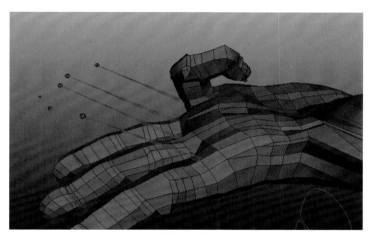

第 305 帧

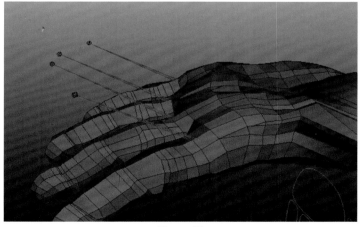

第 310 帧

(续) 图 **10-18**

这些动作差不多活动了所有的关节，通过移动时间滑块，在不同的姿势下对角色刷权重。一般可以大体按照时间滑块上的先后顺序的 pose 进行刷，力求先刷大形，后刷细节，使得后面刷过细节权重后不影响之前的动作带来的拉伸效果。

源文件在配套光盘 charactar-animSkin05.mb 文件中。

第四节　添加影响物体，细化蒙皮操作

不论怎么刷权重，往往总是还会有一些错误出现，例如，脚部扭动的时候，脚踝处的变形。腿部抬起的时候，腹股沟的变形和膝盖处的变形。当运动幅度不是很大的时候对动画影响不是很大，但是一旦变化幅度变大的时候，穿插就影响了效果。解决这种问题有三种方法。

第一种，可以用 BlendShape，动作关键处做它的 BlendShape 变形，通过骨骼的位置定位来驱动变形节点的权重大小来实现。这种方法比较常见。

第二种，用肌肉来解决这类问题。肌肉的模拟效果是最好的一种，其缺点是太复杂，计算量大，虽然效果佳，但是成本高。

第三种，就是通过添加骨骼数量或者用 Nurbs 面片等来代替肌肉制作。原理和用肌肉制作是一样的，也是用骨骼等来模拟肌肉，像肌肉一样对它添加影响来解决问题。这种方法的好处是计算量小，模拟比较真实。但是其劣势是制作麻烦，不仅要考虑到骨骼面片等的摆放位置，还要考虑到如何实现拉伸变形。如果处理不到位，还会带来其他新的问题。

限于篇幅，本书的讲解不涉及那么深的知识，不把每种制作都列入讲解范围。

在刷权重的过程中，会发现有些地方不论如何刷都不能满足每一个动作的要求，总是在某些地方会出现穿插或扭曲变形等。在卡通角色中这种现象可能不是很明显，但是在写实角色，尤其是肌肉复杂、肥胖的角色中，这种现象是无法避免的，如果在满足镜头的前提下，可以做一些遮掩，不用太过计较，但是若是角色出镜率非常高，动作也多，这就要求去完善这些绑定。下面就几处做一下演示。

如图 10-19 所示，出现的错误就是在胸部的控制器旋转过大的时候出现的错误，即使在之前做的那些动作都基本满足的情况下，在动画操作中还是出现了一些避免不了的穿插，这是由于在原始的绑定骨骼中，只是对于一个大体的骨架的制作，但是真实的角色不仅是骨骼，还有肌肉的带动等，计算机只能去尽可能地模拟这种效果，并不能像真实的物体那样去实现相互间的影响，这就要求我们根据要求去模拟这种的效果。下面让我们来一步一步实现。

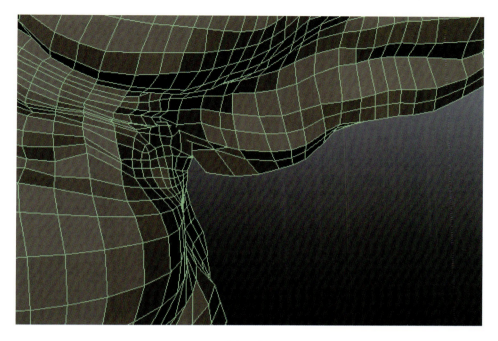

图 10-19

第一步,新建一个场景。

先创建三个 locator,为它们分别命名为 loc_pos_chestSide01_L_monster,loc_aim_chestSide01_L_monster,loc_up_chestSide01_L_monster。

选择 loc_aim_chestSide01_L_monster,loc_up_chestSide02_L_monster,加选 loc_pos_chestSide01_L_monster,按 p 键,构成父子关系。

选择 loc_pos_chestSide01_L_monster,用 ctrl+d 复制一组。分别命名为 loc_pos_chestSide02_L_monster,loc_aim_chestSide02_L_monster,loc_up_chestSide02_L_monster。

第二步,选择 loc_pos_chestSide01_L_monster,沿 X 轴移动-3 个单位。

选择 loc_pos_chestSide02_L_monster,沿 X 轴移动 3 个单位。

第三步,选择三组的 up 的 locator,在 Y 轴方向移动 2 个单位,缩放值改为 0.5。

第四步,选择 loc_pos_chestSide01_L_monster,加选 loc_aim_chestSide02_L_monster。点击 Constrain—Aim 后面的小方块,打开设置面板,如图 10-20 所示,执行 Aim 约束。

用 loc_pos_chestSide02_L_monster 对 loc_aim_chestSide01_L_monster 执行 aim 约束(aim 设置中 world up object 改为 loc_up_chestSide01_L_monster,aim vector x 值改

为 1)。

图 10-20

第五步，创建两组骨骼如图 10-21 所示的位置和数量。

图 10-21

依次命名为 jnt_L_chestSide01_monster，end_L_chestSide01_monster，jnt_L_chestSide02_monster，end_L_chestSide02_monster。

选择 jnt_L_chestSide01_monster，加选 loc_pos_chestSide01_L_monster，按 p 键。

选择 jnt_L_chestSide02_monster，加选 loc_pos_chestSide02_L_monster，按 p 键。

文件储存在 charactar-animSkin05_chestSide.mb 文件中。

第六步，打开 charactar-animSkin05.mb，点击 file—import 后面的小方块，如图 10-22 设置。导入场景 charactar—animSkin05_chestSide.mb。

第七步，移动 loc_pos_chestSide01_L_monster 和 loc_pos_chestSide02_L_monster，

移动到如图 10-23 所示的位置。

图 10-22

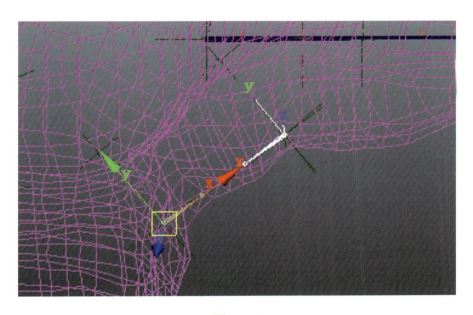

图 10-23

第八步，创建两个 Locator，按住 v 键，分别移动到刚才创建的两组 locator 的位置，和它的位置重合。暂不做任何处理。

第九步，再次创建两个 Locator，分别命名为 loc_chestSide01_L_monster，loc_chestSide01_monster。

第十步，选择手臂上的第二节骨骼 jnt_arm04_L_monster，加选 loc_chestSide01_L_monster，执行 point 约束和 orient 约束（均在默认的设置下，曾经调整过设置的，重新归为默认设置）。

选择腰部中间骨骼 jnt_spine03_monster，加选 loc_chestSide01_monster，执行 point 约束和 orient 约束（均在默认的设置下，曾经调整过设置的，重新归为默认设置）。

第十一步，选择 loc_pos_chestSide02_L_monster，加选 loc_chestSide01_L_monster，按 p 键，构成父子关系。

选择 loc_pos_chestSide01_L_monster 加选 loc_chestSide01_monster，按 p 键，构成父子关系。

左边的骨骼制作完成，然后再来制作右边的骨骼。

第一步，先导入 charactar—animSkin05_chestSide.mb，在大纲视图（outliner）中选择所有的导入物体，点击 modify—search and replace names，在 search for 后面填写_L_，在 replace with 后面填写_R_。替换导入物体的名字。

第二步，选中之前创建的 locator1 和 locator2（和 loc_pos_chestSide01_L_monster 和 loc_pos_chestSide02_L_monster 重叠的那两个 locator），把 translatex 的值改成当前值的负值。

第三步，选中 loc_pos_chestSide02_L_monster 和 loc_pos_chestSide01_L_monster，按住 v 键，移动到刚才的两个 locator 的位置上，和左边的正好对称。两个定位的 Locator 可以删掉。

第四步，创建一个 locator，命名为 loc_chestSide01_R_monster。

第五步，选择手臂上的第二节骨骼 jnt_arm02_R_monster，加选 loc_chestSide01_L_monster，执行 point 约束和 orient 约束（均在默认的设置下，曾经调整过设置的，重新归为默认设置）。

第六步，选择 loc_pos_chestSide02_R_monster，加选 loc_chestSide01_R_monster，按 p 键，构成父子关系。

选择 loc_pos_chestSide01_R_monster，加选 loc_chestSide01_monster，按 p 键，构成父子关系。

完成了绑定操作，下面为角色添加蒙皮。

第十章 身体蒙皮设置

角色的初始 pose 状态（必须是初始状态），选择模型再加选左右新创建的四个骨骼，点击 Skin—Edit Smooth Skin—Add Influence 后面的小方块，设置如图 10-24 所示。一定要锁住权重，因为如果不锁住权重，并且设为默认值为 0 的话，会损坏之前刷好的权重。

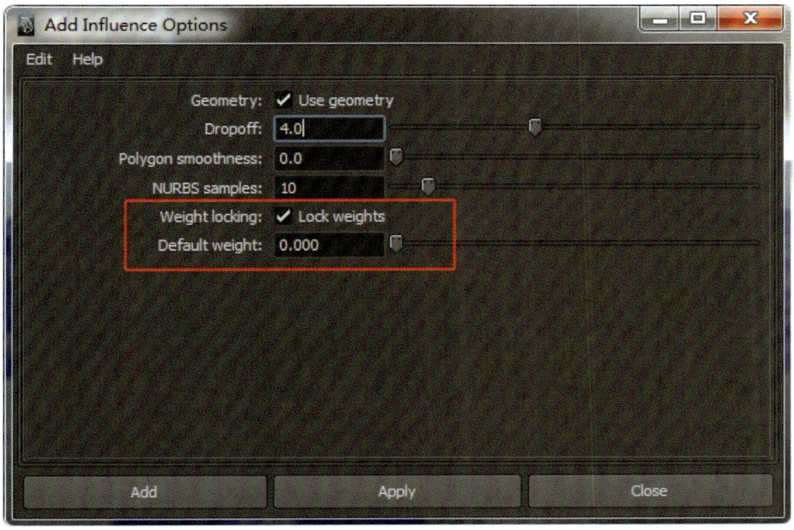

图 10-24

添加上权重后，先为骨骼的权重解锁。

选择模型，点击笔刷工具，找到被锁住的四个骨骼，如图 10-25 所示。

图 10-25

选中四个骨骼,点击红框标注的解锁工具,接触权重锁定。两个模型均有此操作。然后为模型用 Add 笔刷刷权重。

下面是刷好的和未刷的效果比较,如图 10-26 所示。

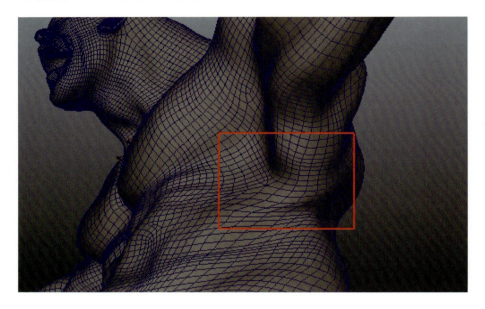

(a) 刷前

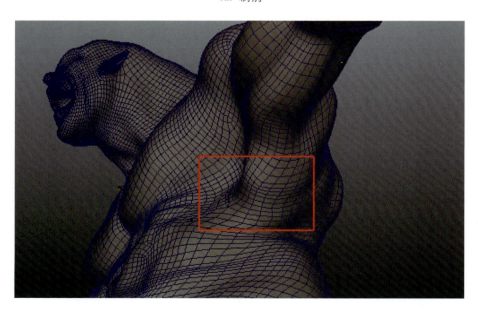

(b) 刷后

图 10-26

刷权重时要观察各个动作,力求每个动作都不会出现大的穿插和扭曲。

选择三个总的 locator，创建一个组，为组命名为 G_loc_chestSide01_monster。把组放到层级 monster—no_translate 下面，如图 10-27 所示。

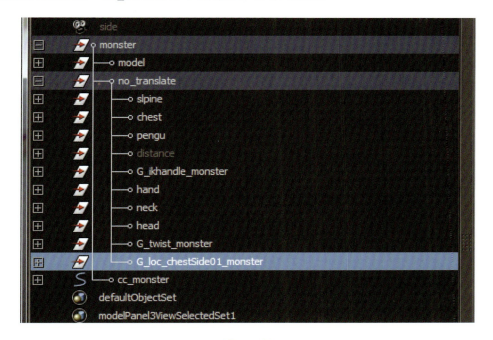

图 10-27

选择总控制器 cc_monster，加选组 G_loc_chestSide01_monster，打开 Connection 面板，把两个属性的 Scale 属性连接起来，用总控制器控制组的缩放。

源文件储存在 charactar-animSkin07.mb 文件中。

第十一章
面部表情的简单处理

绑定还有一个部分,就是面部表情的制作。面部表情制作方法多种多样。

有用 BlendShape 制作面部表情的,通过制作很多的面部表情目标体,对原模型进行 BlendShape 变形,通过调节权重影响,实现面部的表情变化。但是此种制作有局限性,要想实现面部的生动表情,需要制作很多表情目标体。

也有用骨骼进行面部的绑定。这种方式的优点是表情变化丰富,而且动画调节方便;其缺点是制作起来稍微麻烦一些。

另外还有一种方法,是用曲线来做面部表情的控制,通过用曲线添加对模型的影响来实现对面部表情的控制。这种方法较之骨骼绑定的优势是在刷权重方面比较方便,而且绑定完成后,因为是曲线对模型的影响,移动曲线上的点,曲线本身会产生一个平滑的过渡,所以在这条曲线所影响的模型范围内,一般不会出现严重的变形穿插。但是这种方法也有很大的缺点,就是曲线的旋转不好控制,所以做一些面部表情的时候,有些表情很难实现,比如面部肌肉的一些被动旋转的就很难实现,还要借助其他的方法。

综合骨骼绑定和利用曲线两种方法,出现了一个更为全面的方法,用面片来控制面部的表情。具体做法是在模型的面部制作一些面片,然后用骨骼对面片进行绑定,用绑定了的面片对模型添加影响。这种方法结合了骨骼和曲线各自的优势,弥补了曲线制作的无法旋转的缺点。

本书的绑定制作不涉及面部表情,下面的讲解只对之前遗留下来的头部的问题做一个修整和完善。

本次绑定制作由于模型的原因,仅仅依靠普通的绑定有些难以完成,为了完成绑定的制作,需要用一些手法完善绑定。

一般来说,绑定模型的要求是:

(1) 尽量是以 T pose 的姿势进行绑定,就是双臂张开伸直,竖直站稳。

(2) 模型处于场景的中心,成左右对称。

(3) 模型尽量是无特殊表情的自然状态。

(4) 眼睛、嘴巴尽量是闭合的。

第十一章　面部表情的简单处理

这些是对于一般的绑定而言,对于一些特殊情况,也会出现一些其他的状况。有些模型本身就是不对称的模型。或者绑定师拿到手的模型是带表情的模型,或者是带动作的模型等。如果能修改尽量修改,以便于绑定操作。

第一节　绑 定 操 作

下面我们来介绍绑定操作。

首先为嘴巴做一个张嘴和闭嘴的动画,嘴巴的张合与其他的部位的动画不太一样,闭嘴需要找到一个最大的位置,因为嘴唇闭合后就不能再往里面运动,不像手臂,可以自由旋转,所以在调整闭嘴动画的时候,选择一个合适的闭嘴位置后,把下颌骨控制器的旋转值记住,为它的最大和最小旋转度数做一个限制。

选中下颌骨的控制器,用 ctrl+a 打开属性面板,在属性面板里面找到 Limit Information,再往下找到 Rotate 属性,设置如图 11-1 所示。

图 11-1

第一步,选择下颌骨骨骼加选下牙齿的组 G_tooth_bottom,执行 Parent 约束(默认设置下)头部骨骼 jnt_neck01_top_monster,对上牙齿执行 Parent 约束。

第二步,对模型刷嘴部的权重,使得张嘴和闭嘴后线条穿插不严重,如图 11-2 所示。

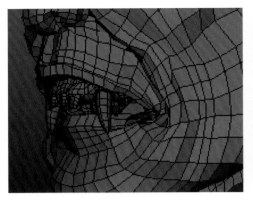
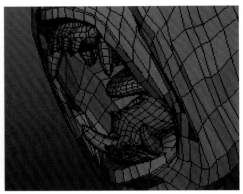

图 11-2

第三步，在张嘴的时候复制五个模型，在闭嘴的时候复制五个模型，分别取名为 body_low_open_pos，body_low_open_pos02，body_low_open_pos03，body_low_open_pos04，body_low_open_neg，body_low_close_pos，body_low_close_pos02，body_low_close_pos03，body_low_close_pos04，body_low_close_neg。

张嘴和闭嘴的模型分别放在两个新创建的层中，层命名为 close_layer、open_layer。

第四步，把 open_layer 层取消显示。将 body_low_close_pos02，body_low_close_pos03，body_low_close_pos04，body_low_close_neg 隐藏。手动调节 body_low_close_pos 点的位置，使它闭嘴自然，如图 11-3 所示，暂时只调整一边就可以了。

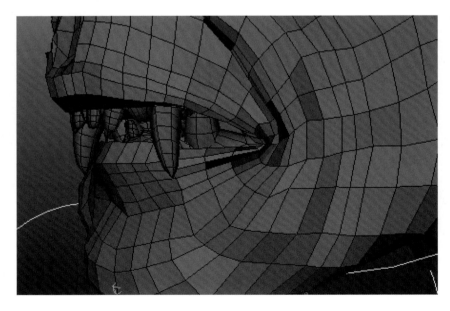

图 11-3

第五步，下面我们镜像出另一边，在 Maya 中没有单独的表情镜像工具，我们可以用一个表情镜像插件或者手动操作。

现在，选择 body_low_close_pos02，body_low_close_pos03，body_low_close_pos04，body_low_close_neg，取消隐藏。

选择模型 body_low_close_pos，加选 body_low_close_pos02，点击 create Deformers—BlendShape，执行 BlendShap 变形。

第六步，选择 body_low_close_pos02 和 body_low_close_pos03，移动到相同的位置，使之重合，把 body_low_close_pos03 的 scalex 改为原先值的负值。

先选择 body_low_close_pos03，再加选 body_low_close_pos02，点击 create Deformers—wrap，执行包裹变形。

完成后，选择 body_low_close_pos02，在通道盒面板中找到 BlendShape 节点，将 body_low_close_pos 的值改为 1（见图 11-4）。

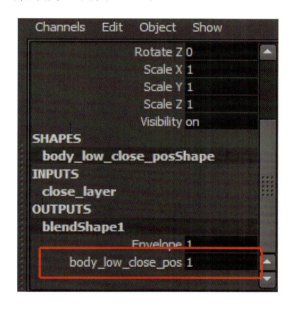

11-4

第七步，选择 body_low_close_pos03，点击 Edit—Delete by Type—History，删除历史记录。把 body_low_close_neg2 的 scalex 改回正值。这个时候会发现面部表情对称过来了。

第八步，选择 body_low_close_pos02 和 body_low_close_pos03，加选 body_low_close_pos04，执行 BlendShape 变形。然后选择 body_low_close_pos04，找到变形节点，把 body_low_close_pos02 和 body_low_close_pos03 都调为 1。

这时候，我们会发现出现了严重变形，这是因为现在是受到了两个物体的变形影响,我们只需要一个。所以在正视图中,选择面部左面一半的点,点击 Window—General Editors—Component Editors,打开一个面板。在面板上面的一栏中找到 BlendShape Deformers。这时就会出现竖着的两栏数字,都为 1。这些是两个目标体对这些点的权重值。找到 body_low_close_pos03,把下面的 1 改为 0。然后反选其他的点,把 body_low_close_pos02 改为 0。这样,blenshape 下的模型就正确实现了。删除历史记录,然后删除 body_low_close_pos, body_low_close_pos02, body_low_close_pos03 这几个模型,把 body_low_close_pos04 改名为 body_low_close_pos。

第九步,用同样的方法制作张嘴动作时候的模型,命名为 body_low_open_pos 和 body_low_open_neg。

第十步,选择 body_low_close_pos 和 body_low_close_neg,加选 body_low,点击 BlendShape 后面的小方块,打开设置面板,如图 11-5 所示,BlendShape 输入 mouth_close_BlendShape。然后点击第二个标签 advanced,deformation order,选择 parallel 创建。

图 11-5

第十一步,选择模型,找到通道盒面板里面的 mouth_close_BlendShape 节点,把 body_low_close_pos 后面的值输入 1,模型恢复到初始姿势,这时我们会发现,模型出现了一些变形,这是因为刚才的 BlendShape 节点对模型造成了影响,这个影响是固定的,它只受制于节点权重的大小。

初始姿势下,选择模型,复制一个,暂时命名为 close。我们用这个模型对原始的模型做真正的 BlendShape 变形。

选择模型,在通道盒面板中找到 parallel 节点,选中节点,点击通道盒面板上面的

edit—delete node。这时会发现模型又变回到原先的状态,并且在通道盒面板中少了个节点,这两个节点分别是 parallel 和 mouth_close_BlendShape。

第十二步,选择 body_low_open_pos 和 body_low_open_neg,加选 body_low,点击 Blend-Shape 后面的小方块,打开设置面板,如图 11-6 所示,BlendShape 输入 mouth_open_Blend-Shape。然后点击第二个标签 Advanced,Deformation order,选择 Parallel 创建。

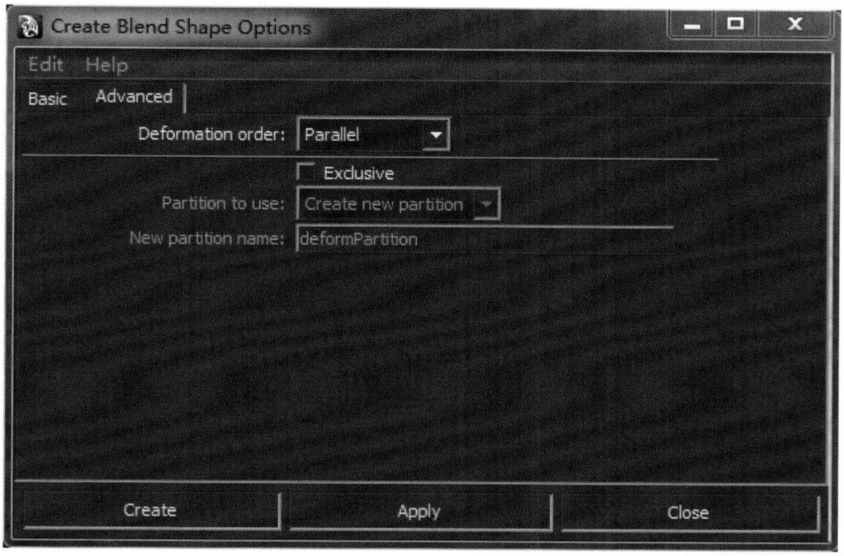

图 11-6

第十三步,选择模型,找到通道盒面板里面的 mouth_close_BlendShape 节点,把 body_low_close_pos 后面的值输入 1,模型恢复到初始姿势,复制一个模型,为模型暂时命名为 Open。

选择模型,在通道盒面板中找到 Parallel 节点,选中节点,点击通道盒面板上面的 Edit—Delete Node。

第十四步,为模型做 BlendShape 变形。

将之前复制的模型 Close 和 Open 重新命名为 mouth_close_monster 和 mouth_open_monster。

选择这两个模型,加选初始的蒙皮模型,点击 Create Deformer 后面的小方块。在弹出的窗口 BlendShape Node 中输入 mouth_BlendShape。然后点击第二个标签 Advanced,Deformation Order 选择 Front of Chain 创建。

第十五步,点击 Animate—Set Driven Key—set,打开驱动关键帧面板。

选择下颌骨控制器 cc_jaw01_M_monster,点击面板的 Load Driver。

选择 body_low 下的 mouth_BlendShape 节点,点击面板的 Load Driven。

用控制器的 Z 轴旋转来控制 mouth_BlendShape 的 mouth_close_monster 和 mouth_open_monster 的权重值的大小。如图 11-7 所示。

图 11-7

当 Z 轴旋转为 0 的时候，mouth_close_monster 为 0，当 Z 轴旋转值为闭合嘴的旋转值时，mouth_close_monster 的值为 1。

同样的操作制作张开嘴。

现在角色的模型只需要三个，分别是蒙皮模型 body_low、mouth_close_monster 和 mouth_open_monster。其余的模型都删掉。

（mouth_close_monster 和 mouth_open_monster 这两个模型也可以删掉，但是为了便于以后的修改，暂时保留。）

把 mouth_close_monster 和 mouth_open_monster 两个模型创建一个组，命名为 G_mouth_BlendShape。然后对组再创建一个组，为组命名为 G_BlendShape。把这个组放

到层级 Monster—Model 下面。

删除之前的 close_layer，open_layer 两个组，把盛放 BlendShape 的组 G_BlendShape 放到一个新显示层中，为层命名为 mouth_BlendShape_layer。

接下来，我们为这次做的 BlendShape 刷一下权重范围，在不需要的地方不受目标体的 BlendShape 变形的控制。

选择模型，点击 Edit Deformers—Paint BlendShape Weight Tools。这个时候，模型会变成白色，这是因为在做 BlendShape 的时候，默认的是权重全部为 1。点击通道盒面板上面的第二个按钮，如图 11-8 所示。

图 11-8

在下面出现了两个 BlendShape 的选项，分别是 mouth_close_BlendShape 和 mouth_open_BlendShape。这两个是为模型做 BlendShape 的两个目标体。

为这两个目标体分别刷权重。将不需要的影响位置的权重刷为 0。如图 11-9 所示。

至此，嘴部的闭合已经完成。

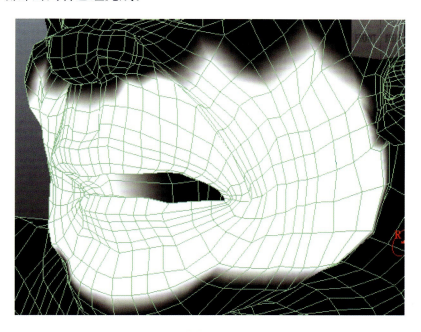

图 11-9

第二节　为面部做一些简单的控制操作

第一步，先为角色面部的眉弓处创建一些骨骼，用于对模型的蒙皮控制。如图 11-10 所示，创建三个骨骼，分别从里往外命名为 jnt_L_brow01_monster，jnt_L_brow02_monster，jnt_L_brow03_monster。点击 skeleton—mirror joint 后面的小方块，打开设置面板，如图 11-11 所示，镜像出右边的骨骼。然后选择六个骨骼，加选头部骨骼 jnt_neck01_top_monster，按 p 键。

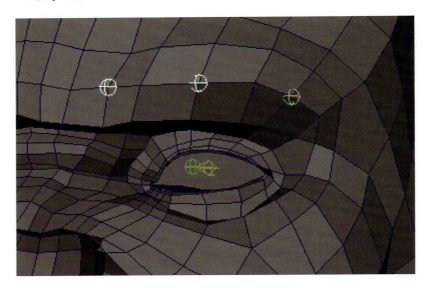

图 11-10

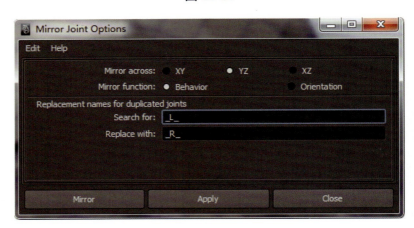

图 11-11

第二步，创建控制器，点击 Create—CV Curve Tool 后面的设置面板，如图 11-12 所示设置，Curve Degree 选择 1 liner。

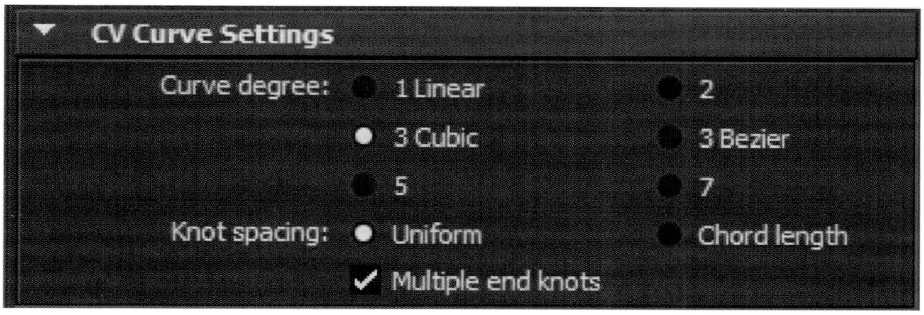

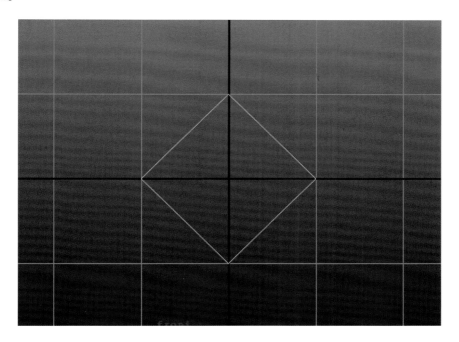

图 11-12

在正视图中原点位置创建一个菱形的线框，如图 11-13 所示，命名为 cc_L_brow01_monster。

图 11-13

复制一个，选择复制出来的曲线的点，按住 j 旋转 Y 轴 90°。再复制一个，选中点旋转 X 轴 90°。三条曲线成一个立方的形状，如图 11-14 所示。

选择 cc_L_brow01_monster1，按向下箭头选择它的形节点，复制它的名字。默认如果没有什么改变的话，应该是 cc_L_brow01_monster1Shape。然后选中 cc_L_brow01_monster，在脚本编辑器中输入下面的表达式：

parent -add -shape cc_L_brow01_monster1Shape;

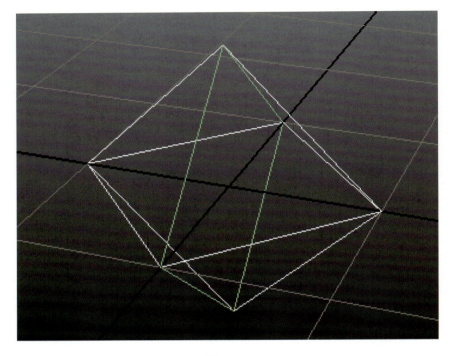

图 11-14

然后同样地，把 cc_L_brow01_monster1 的形节点添加到 cc_L_brow01_monster 上。选择 cc_L_brow01_monster 执行表达式。然后删除掉 cc_L_brow01_monster1 和 cc_L_brow01_monster2。

parent -add -shape cc_L_brow01_monster2Shape;

这样选择 cc_L_brow01_monster 就会发现，选中的不再是一条线，而是刚才的三条线组成的一个物体。在大纲视图中观察它的 shape 节点，如图 11-15 所示，出现了三个 shape 节点。

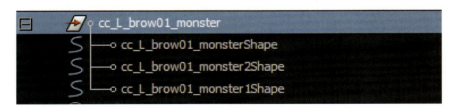

图 11-15

第三步，为控制器创建一个组，命名为 G_cc_L_brow01_monster。

移动组到眉弓的骨骼上。然后复制组，为每一个骨骼都创建这样的控制器，并移动到对应的骨骼上。再根据骨骼的名称来命名控制器和组,如图 11-16 所示。

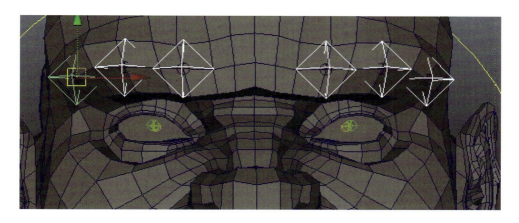

图 11-16

第四步,用控制器加选对应的骨骼,执行 Point 约束和 Orient 约束。

第五步,选择所有控制器的组,创建一个组为组命名为 G_cc_brow_monster。然后加选头部控制器 cc_neck01_top_monster,按 p 键,构成父子关系。

第六步,选择脸部模型 body_lowt,加选六个眉弓骨骼,点击 skin—edit skin—add influence(weight locking 一定要点选上)。

然后为眉弓的控制器创建一段小动画,先为骨骼权重解锁,然后为模型刷权重。

第三节　为角色制作眼睛的控制操作

第一步,创建眼部的控制器。

点击 Create—Nurbs Primitives—Circle 后面的小方块,打开设置面板。设置 Normal Axis 为 Z 轴,Number of section 为 18。点击创建,这样就创建了一个中心轴为 Z 轴,cv 点数为 18 的一个圆环。为圆环命名为 cc_eye_monster,创建一个组,为组命名为 G_cc_eye_monster。设置如图 11-17 所示。

第二步,选择眼睛的骨骼 jnt_eye01_L_monster,加选控制器的组,点击 Constrain—Point 后面的小方块。在弹出的窗口中 Maintain Offset 后面取消勾选,Constrain Axes 选择 y,z。

在组下找到刚才创建的两个节点,删除掉。

第三步,点击 Modify—Transformation Tools—Move Tool 后面的小方块,在弹出的面板中的 Move Axis 选择 Object。把组移动到眼睛前面一段距离。

第四步，正视图中，在点模式下修改控制器的形状（图 11-18）。

第五步，创建两个 Locator，分别命名为 loc_L_eye01_base01_monster 和 loc_R_eye01_base01_monster。

图 11-17

图 11-18

选择 loc_L_eye01_base01_monster，加选 jnt_eye01_L_monster，按 p 键，把 Locator

第十一章 面部表情的简单处理

的通道和面板的位移和旋转值改为0。

同样地,可以把右眼的Locator父子给右眼的骨骼。

第六步,创建两个Locator,分别命名为loc_L_eye01_aim_monster、loc_R_eye01_aim_monster。

选择loc_L_eye01_base01_monster,加选loc_L_eye01_aim_monster,执行Point约束(在默认设置下执行Point约束,在弹出的Point面板中的左上角点击Edit—Reset Settings),删除Point约束。

选择loc_L_eye01_base01_monster,加选loc_L_eye01_aim_monster,执行Point约束(在默认设置下执行),删除Point约束。

选择loc_L_eye01_aim_monsterr和loc_R_eye01_aim_monster,加选控制器cc_eye_monster,按p键,成为控制器的子物体。

把两个Locator的Z轴的值改为0。

第七步,选择loc_L_eye01_aim_monsterr和loc_R_eye01_aim_monster,在通道盒面板中选择所有的属性,按右键,在弹出的列表中选择Lock Selected。锁定所有的属性。

第八步,创建两个Nurbs圆环(设置里将Axis选择z),命名分别为cc_L_eye_monster和cc_R_eye_monster。

选择cc_L_eye_monster,加选loc_L_eye01_aim_monster,按p键,并且将cc_L_eye_monster修改为0,使得圆环与Locator重合。

选择cc_R_eye_monster,加选loc_R_eye01_aim_monster,按p键,并且将cc_L_eye_monster修改为0,使得圆环与Locator重合。

第九步,在正视图中,选择两个眼睛的控制器,在点模式下调节控制器的形状和大小,使它在大的控制器之内,并且容易识别和选择。

第十步,选择左眼的loc_R_eye01_base01_monster,加选左眼的模型eye_L,执行Point约束(默认设置下),执行Orient约束(在Orient设置里面,把Maintain Offset点选上)。

选择右眼的loc_R_eye01_base01_monster,加选右眼的模型eye_R,执行Point约束(默认设置下),执行orient约束(在Orient设置里面,把Maintain Offset点选上)。

第十一步,创建两个Locator,分别命名为loc_L_eye01_up01_monster和loc_R_eye01_up01_monster。选择loc_L_eye01_base01_monster,加选loc_L_eye01_up01_monster,执行Point约束(默认设置下),删除约束。

选择loc_R_eye01_base01_monster,加选loc_R_eye01_up01_monster,执行Point约束(默认设置下),删除约束。

第十二步，选择 loc_L_eye01_up01_monster 和 loc_R_eye01_up01_monster，网上移动一段距离，加选头部骨骼 jnt_neck01_top_monster，按 p 键。锁定住两个 Locator 的所有属性，如图 11-19 所示。

图 11-19

第十三步，选择骨骼 jnt_eye01_L_monster 和 jnt_eye01_R_monster，点击 Display—Transform Display—Local Rotation Axes，显示它们的旋转轴。此时，我们会发现两个骨骼的 X 轴和 Y 轴是相反的。这是因为骨骼是镜像过来的。

选择 cc_L_eye_monster，加选 jnt_eye01_L_monster，点击 Constraint—Aim 后面的小方块，打开设置面板，如图 11-20 设置。

在制作左眼的时候，因为控制器在左眼骨骼的 X 轴的正方向，所以在 Aim 设置面板中的 Aim vector 设置 X 为 1，其他为 0。它的向上轴向的控制器在骨骼 Y 轴的正方向，所以在 Up vector 的设置里面设置 Y 轴为 1，其他的设置为 0。

但是右眼的控制器在右眼骨骼的 X 轴的负方向，向上轴向控制器在骨骼的 Y 轴的负方向，所以在制作右眼的时候，Aim vecctor 的设置里将 X 改为 -1，其他的轴向为 0。在 Up vector 的设置里面把 Y 轴设置为 -1，其他设置为 0。

第十四步，选择头部的控制器 cc_neck01_top_monster，点击通道盒面板上面的 Edit—Add Attribute，弹出添加属相的窗口，如图 11-21 所示。

第十五步，选择胸部骨骼 jnt_chest02_A_monster，加选眼睛控制器的组 G_cc_eye_

monster,执行 Parent 约束（默认设置下）。

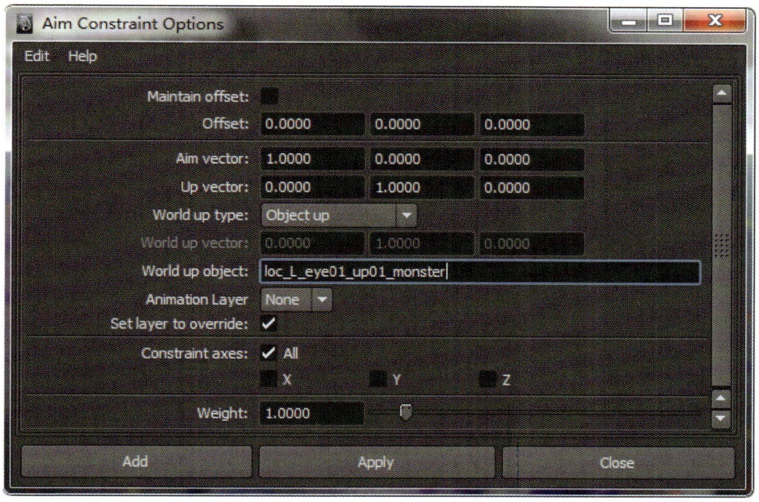

图 11-20

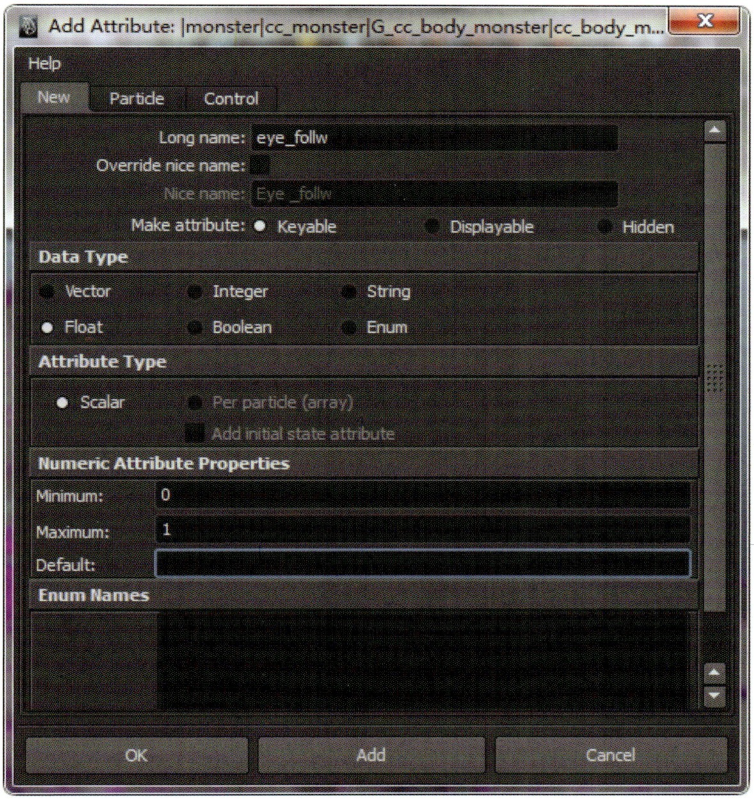

图 11-21

选择 G_cc_eye_monster，加选头部控制器 cc_neck01_top_monster，按 p 键，构成父子关系。

第十六步，打开属性连接的 Connection Editor 面板，把 cc_neck01_top_monster 的 eye_follow 属性与 G_cc_eye_monster 下面的 G_cc_eye_monster_parentConstraint1 节点的 Jnt Chest 02 A Monster W0 属性连接起来，用来控制 Jnt Chest 02 A Monster W0 的值。

这样，当 eye_follow 的值为 0 的时候，眼睛的控制器跟随着头部运动，当 eye_follow 的值为 1 的时候，眼睛的控制器不随头部运动。

第十七步，选择眼睛的总控制器 cc_eye_monster，为它添加一个 eye_L_offset 属性，属性添加设置如图 11-22 所示。

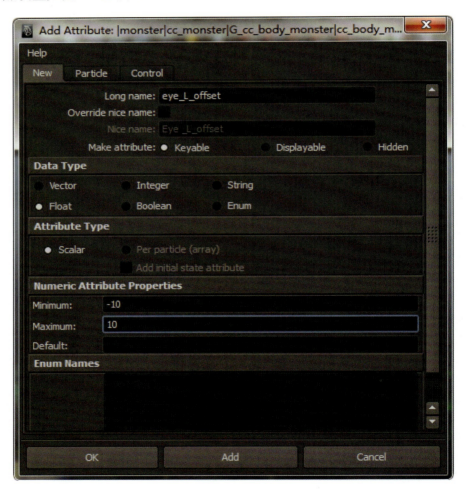

图 11-22

然后在为它添加一个 eye_R_offset 属性。

第十八步，打开驱动面板，把 cc_eye_monster 加载到驱动物体一栏，把 loc_L_eye01_base01_monster 和 loc_R_eye01_base01_monster 加载到被驱动物体一栏。设置驱动关键帧。

当 cc_eye_monster 的 eye_L_offset 属性为 0 时，loc_L_eye01_base01_monster 的 rotateY 的值为 0，。当 cc_eye_monster 的 eye_L_offset 属性为 -10 时，loc_L_eye01_base01_monster 的 rotateY 的值为 -45。当 cc_eye_monster 的 eye_L_offset 属性为 10 时，loc_L_eye01_base01_monster 的 RotateY 的值为 45，。

当 cc_eye_monster 的 eye_R_offset 属性为 0 的时候，loc_R_eye01_base01_monster 的 RotateY 的值为 0。当 cc_eye_monster 的 eye_R_offset 属性为 -10 的时候，lcc_R_eye01_base01_monster 的 RotateY 的值为 -45。当 cc_eye_monster 的 eye_R_offset 属性为 10 的时候，loc_R_eye01_base01_monster 的 RotateY 的值为 45。

这样，就能控制器眼睛的侧视了。

第四节　为眼皮创建影响

第一步，选中眼睛周围的点，点击 Create Deformers—Cluster，创建簇变形。

第二步，创建一个 locator，将 locator 命名为 loc_L_eyeFollow_inf_monster。

第三步，选择 loc_L_eyeFollow_inf_monster，按住 v 键，移动到眼睛的中心骨骼位置。

选择簇 Cluster1Handle，用 ctrl+a 打开属性面板，在 Cluster1HandleShape 标签下，找到 Weighted Node，打开 Weighted Node，在 Weighted Node 后面输入 loc_L_eyeFollow_inf_monster。这样，Cluster1Handle 就起不到作用了，簇的影响由 loc_L_eyeFollow_inf_monster 来控制。

第四步，选择 loc_L_eye01_base01_monster，加选 loc_L_eyeFollow_inf_monster，执行 orient（默认设置下执行）。

选中 G_loc_L_eyeFollow_inf_monster，加选头部骨骼 jnt_neck01_top_monster，按 p 键，成为头部骨骼的子物体。

第五步，刷一下簇变形的影响权重，最好在刷的时候有以下规律，因为这个权重不能镜像，尽量在做的时候能够左右对称。权重刷完如图 11-23 所示。

第六步，当运用其他的控制器的时候，我们会发现，眼皮会飞掉，这是因为 Cluster 在创建的时候，默认的设置是没有点选上 Relative，这样，它即使成为头部骨骼的子物体,也仍然不会跟随着骨骼运动。

选中 loc_L_eyeFollow_inf_monster,打开它的属性面板,在 Cluster1 标签下会发现有个 Relative,点选上前面的对号(√)。

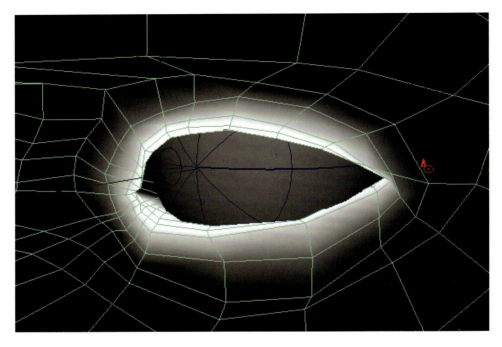

图 11-23

再次做一下头部的运动,这次眼皮就不会飞掉了,这时注意观察就会发现 loc_L_eyeFollow_inf_monster 跟随着头部骨骼运动了。

第七步,但是当运动眼睛的时候,会发现眼皮还是会飞掉,这是因为在它的 Input 里面的顺序出现了错误。

选中模型,点击右键在弹出的菜单里面选择 inputs—all inputs。这时会弹出一个窗口,你会发现排在第一位的是 Cluster,按 P 键,拖动这个属性到 Skin Cluster 下面,问题就解决了。然后为 cluster1 重命名为 clus_eyelid_L_follow。

用同样的方法,制作出右眼的 cluster,命名为 clus_eyelid_R_follow。

第八步,选择眼睛的控制器 cc_eye_monster,为这个控制器添加两个属性,名称分别是 eyelid_L_follow 和 eyelid_R_follow,类型为 Float,最小值为 0,最大值为 1。

点击 Window—General Editor—Connection Editor,打开属性连接面板。把眼睛的控制器 cc_eye_monster 加载到 Outputs,选择模型,找到 clus_eyelid_L_follow,把这个节点载入到 inputs。把 cc_eye_monster 的 eyelid_L_follow 属性和 clus_eyelid_L_follow 的 Envelope 属性连接起来。

然后把 clus_eyelid_R_follow 加载到 inputs，把 cc_eye_monster 的 eyelid_R_follow 属性和 clus_eyelid_R_follow 的 Envelope 属性连接起来。

这样就能通过眼睛的控制器来控制眼球带动眼皮运动的幅度。

当缩放总控制器的时候我们会发现，眼睛和牙齿都没有跟随着缩放，这样如果把这个角色放在一个不合适的场景中，就不能根据场景的大小来缩放角色的大小了。所以我们为它做一个缩放控制。

选中左眼的模型，创建一个组，为组命名为 G_eye_L；选中右眼的模型，创建一个组，为组命名为 G_eye_R。选中这两个组，点击 Modify—Center Pivot，将两个组的中心点集中在眼睛的中心。

点击 Window—General Editors—Connection Editor。把总控制器 cc_monster 载入到 outputs，选择 G_eye_R 载入到 inputs，将 cc_monster 的 scale 属性和 G_eye_R 的 scale 属性连接起来。

把 G_eye_L 载入到 inputs，将 cc_monster 的 scale 属性和 G_eye_L 的 scale 属性连接起来。

然后将上牙齿的组 G_tooth_up 载入到 Inputs 里面，将 cc_monster 的 Scale 属性和 G_tooth_up 的 Scale 属性连接起来。再将上牙齿的组 G_tooth_bottom 载入到 Inputs 里面，将 cc_monster 的 scale 属性和 G_tooth_bottom 的 Scale 属性连接起来。

源文件储存在配套光盘 charactar-animSkin08.mb 文件中。

第五节　为眼部做闭眼动作

这一节主要讲解 BlendShape 的具体应用。

打开配套光盘文件 charactar－animSkin08.mb。

选择模型，复制一个，命名为 eye_L_up_close_all，再复制一个，命名为 eye_L_up_close_half。把这两个模型从显示层中移出来，再按 shift+p，从关系层级里面移出来。

先隐藏 eye_L_up_close_half（防止误操作），对 eye_L_up_close_all 进行模型的修改，把眼皮闭合上。然后隐藏 eye_L_up_close_all，把 eye_L_up_close_half 显示出来，对 eye_L_up_close_half 进行编辑，让眼皮成半闭合状态，如图 11-24 所示。

做完这一步，最好是把这两个模型导出去，因为下面的操作计算量会很大，很容易使得软件承受不住，出现自动关掉。具体操作如下：

选择原始模型，复制一个，为之暂时命名 blend。选中复制出来的三个模型，点击

File—Export Selection，导出选中的物体。

打开导出的文件，在新文件中操作。

选中三个模型，选中通道盒面板中的所有的属性，在通道盒面板中点击右键，在弹出的菜单中点击 Unlock Selected。把三个模型分开，便于选择。

复制一个 Blend 模型，命名为 Target。两个模型处于重合位置。

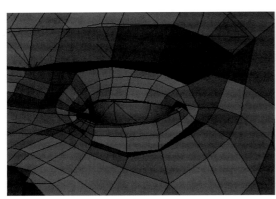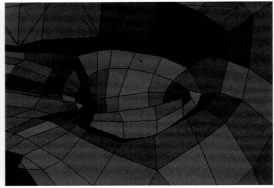

图 11-24

选择 eye_L_up_close_half 和 eye_L_up_close_all，加选 Blend。执行 BlendShap 变形（默认设置下即可）。

选择 Target，将 scalex 值改为－1，选择 Target，加选 Blend，点击 Create Deformers—Wrap。执行包裹变形（这个过程可能有点卡，因为模型比较复杂，这个命名计算量本身就很大）。

选择 Target，在通道盒面板下面找到 Blend1 节点，先将 eye_L_up_close_half 的值改为 1，选择 target，复制一个，与 target 位置分开，命名为 eye_R_up_close_half。

选择 Target，在通道盒面板下面找到 blend1 节点，先将 eye_L_up_close_half 的值改为 0，把 eye_L_up_close_all 改为 1，选择 target，复制一个，与 target 位置分开，命名为 eye_R_up_close_all。

选择这四个模型 eye_L_up_close_half，eye_L_up_close_all，eye_R_up_close_all，eye_R_up_close_half。点击 File—Export Selection，导出这四个模型。

重新打开 charactar-animSkin08.mb。

导入刚才的四个模型 eye_L_up_close_half，eye_L_up_close_all，eye_R_up_close_all，eye_R_up_close_half。

选择 eye_L_up_close_half 和 eye_L_up_close_all，加选 body_low，点击 create deformers—BlendShape 后面的小方块，打开设置面板。Blend node 命名为 eye_L_up_ close_BlendShape。Target shape options 后面选择 In-betwen 和 Check topology，点击 Advanced 标签，在 Deformation order 选择 default。执行变形。如图 11-25 所示。

图 11-25

选择模型 body_low，在通道盒面板中找到 eye_L_up_close_BlendShape 节点，在下面有个 eye_L_up_close_all 的属性，调节这个属性，我们会发现此时的眼睛就能睁开和闭合了。

但是，当把 eye_L_up_close_all 的值调为 1 的时候，我们又会发现模型不再受到骨骼的控制了。

选择模型，在模型处点击右键，在弹出的菜单中选择 All Inputs 输入面板。中间拖动 BlendShape(eye_L_up_close_BlendShape)移动到 cluster(clus_eyelid_L_follow)的下面。这样就解决了这个问题。

同样的方法，将右眼闭眼的 BlendShape 给模型做上。

在其他的地方出现了穿插变形的难题，尤其是嘴部。这是因为眼睛的 BlendShape 并不适合嘴部的变形，所以要为 BlendShape 的范围设置一下，实际上，就是为 BlendShape 画一下权重。

在模型上点击右键，在弹出的菜单中选择 paint—BlendShape— eye_R_up_close_BlendShape。这样就可以为眼睛的 BlendShap 节点刷权重了。刷左眼的时候只为左眼的上眼皮刷，因为下眼皮还要做另外的 BlendShape 变形。

刷权重的小技巧如下：

因为面部的 BlendShape 每一个影响的面积都不大，所以在刷的时候，将 Opacity 调为1,将 value 值调为0,点击 flood。这样整个模型全变成了黑色,也就是全不受该 BlendShape 的影响了。然后把笔刷的 value 值调为1,在需要的地方刷上(见图11-26)。

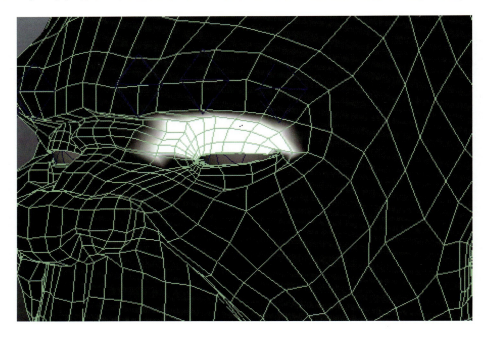

图 11-26

然后再做出下眼皮闭眼的动作,在做的时候,下眼皮的闭合没有上眼皮的幅度大。并且在做最大的位置调整的时候,能使上眼皮的 BlendShape 值调整到两只眼正好闭合上。

选中左眼睛的 BlendShape 目标体,创建一个组,为组命名为 G_eye_L_close_all。

选中右眼睛的 BlendShape 目标体,创建一个组,为组命名为 G_eye_R_close_all。

将这两个组放在层级 Monster—Model—G_BlendShape 下面。

选择眼睛的总控制器 cc_eye_monster,为它添加一个属性,属性名称叫 eye_close,最小值为0,最大值为10,。

为左右两只眼睛的控制器分别都添加两个属性,close_up 和 close_bottom。最小值为0,最大值为10。

打开驱动关键帧面板,设置驱动关键帧。

当左眼的控制器 cc_L_eye_monster 的 close_up 为0的时候,左眼上眼皮的 BlendShape 值为0,当为10的时候,BlendShape 为1。

当左眼的控制器 cc_L_eye_monster 的 close_bottom 为0的时候,左眼下眼皮的 BlendShape 值为0,当为10的时候,BlendShape 为1。

第十一章 面部表情的简单处理

当右眼的控制器 cc_R_eye_monster 的 close_up 为 0 的时候，右眼上眼皮的 BlendShape 值为 0，当为 10 的时候，BlendShape 为 1。

当右眼的控制器 cc_R_eye_monster 的 close_up 为 0 的时候，右眼下眼皮的 BlendShape 值为 0，当为 10 的时候，BlendShape 值都为 1。

当眼睛的总控制器 cc_eye_monster 的 eye_close 为 0 的时候，左右眼眼皮的四个 BlendShape 值都为 0，当为 10 的时候，BlendShape 为 1。

至此，眼睛的制作就完成了。

制作方法就是这样。不过，我们还可以为它创建更多的 BlendShape 目标体，做出更多的变形，脸部的、嘴部的等等。可以制作各种喜、怒、哀、乐的表情。如果想要对着口型说话，还可以制作出 a、b、c、d 等不同字母的发音。当制作得足够丰富的时候，一个鲜活的角色就诞生了。

源文件储存在配套光盘 charactar-animSkin09.mb 文件中。

第十二章

文件完成，系统整理

第一节　对剩余模型的整理

现在手指甲、脚趾甲的模型和绑定的骨骼还没有联系，并不能跟随着骨架的运动而运动。而且在本书中，因为面部的表情制作没有做详细的讲解，所以舌头、耳朵等地方的绑定也没有制作，更何况舌头还是一个独立的物体。所以要把这些东西与骨骼的运动联系起来。

首先是用手指的末端骨骼对所对应的指甲的模型做一个 Parent 约束，用来控制它的移动和旋转。脚趾的末端骨骼对所对应的指甲模型做一个 Parent 约束。

打开 Connection Editor，将总控制器 cc_monster 的 Scale 属性和指甲所在组的 Scale 连接起来。这样指甲就能跟随着身体进行缩放了。

对于舌头，也做同样的操作。

第二节　制作整体的运动控制器

模型做到现在的地步，大体上看起来没有什么太大的问题了，但是假如当把模型放到一个项目场景中，角色的初始位置不一定在场景的原点位置，以现在的绑定来说，一旦放在了非原点的位置，那么总控制器就带上了数值，这样，在动画调节中就不能很好地确定动画中的运动距离，而且一旦动画出现问题，想要回到初始的动画位置，也很难实现。所以，我们还要专门地为它做一个整体运动的控制器，在行走等整个角色整体运动的时候所要用到的控制器。

首先在场景的原点位置创建一个圆环，为圆环命名为 cc_animate_monster。

在点模式下调整圆环的形状大小到一个合适的位置，如图 12-1 所示。

选中 cc_animate_monster，加选 cc_monster，按 p 键，构成父子关系。在 cc_monster 的层级下，还有 G_cc_body_monster，G_cc_R_foot01_monster，G_cc_L_foot01_monster，

选中这三个组,加选 cc_animate_monster,按 p 键,构成父子关系。

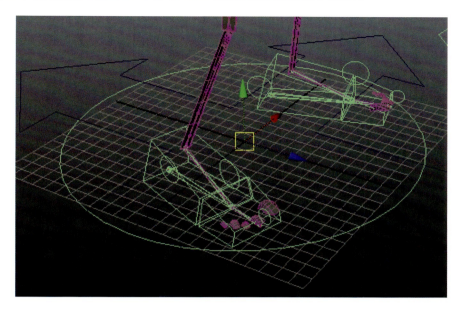

图 12-1

这样当把角色放在场景所需要的位置时,移动的是 cc_monster。这样 cc_animate_monster 控制器并不会带上数值,所以在调整动画的时候,很容易回到初始位置。

第三节　为 IKFK 无缝做最后修整

之前我们已经为手臂做好了 IKFK 无缝切换,但是在动画制作中,约束节点不好选择,而且很容易忘掉。所以 Key 动画的时候容易出现本来调整好的动作却出现了错误,这是因为约束节点没有适时地进行权重的切换。

选中手部的控制器 cc_L_hand01_monster 和 cc_R_hand01_monster,添加一个 FK_IK 属性,属性的类型为 ENUM,在下面的 green 改为 FK,Blue 改为 IK。这样属性中显示的就是 FK 或者 IK。

然后做一下驱动关键帧,当控制器的 FK_IK 属性为 FK 的时候,手臂骨骼的两个约束节点 pro_L_arm01_monster_orientConstraint1 和 pro_L_elbow01_monster_orientConstraint1 的权重值切换到 FK 控制。当控制器的 FK_IK 属性为 IK 的时候,手臂骨骼的两个约束节点 pro_L_arm01_monster_orientConstraint1 和 pro_L_elbow01_monster_orientConstraint1 的权重值切换到 IK 控制。

做完这一步,再修改一下表达式,用表达式来控制这些属性的无缝切换。因为在添加属性的时候,FK 是代替 green 的位置,IK 代替的是 blue 的位置,所以 FK_IK 在以数字显示时,FK 显示为 0,IK 显示为 1。所以在表达式中 getAttr "cc_L_hand01_monster.FK_IK" 返回值是以数字的形式来显示 FK 和 IK。因为 FK_IK 属性已经为约束节点做了驱动,所以表达式无需再控制节点的权重的大小。修正后的表达式如下:

一、左手臂的切换

int $arm_L_IK_FK = ′getAttr "cc_L_hand01_monster.FK_IK "′;

if($arm_L_IK_FK == 0){

//当切换到 IK 的时候,骨骼受到 IK 控制,而失去 FK 控制时
float $FK_R_hand[] = ′xform -ws -q -t FK_L_hand01_monster′;
xform -ws -t $FK_R_hand[0] $FK_R_hand[1] $FK_R_hand[2] cc_IK_L_hand01_monster;

float $FK_R_pol[] = ′xform -ws -q -t loc_pol_L_arm01_monster′;
xform -ws -t $FK_R_pol[0] $FK_R_pol[1] $FK_R_pol[2] cc_pol_L_arm01_monster;

setAttr "G_cc_L_FK_arm01_monster.visibility" 0;
setAttr "G_cc_pol_L_arm01_monster.visibility" 1;
setAttr "G_cc_IK_L_hand01_monster.visibility" 1;

setAttr "cc_L_hand01_monster.FK_IK " 1;

}
else{
//当切换到 FK 的时候,骨骼受到 FK 控制,而失去 IK 控制时
float $IK_R_arm[] = ′getAttr "IK_L_arm01_monster.rotate"′;
float $IK_R_elbow[] = ′getAttr "IK_L_elbow01_monster.rotate"′;

setAttr cc_L_FK_arm01_monster.rotateX $IK_R_arm[0];
setAttr cc_L_FK_arm01_monster.rotateY $IK_R_arm[1];

setAttr cc_L_FK_arm01_monster.rotateZ $IK_R_arm[2];

setAttr cc_L_FK_elbow01_monster.rotateY $IK_R_elbow[1];

setAttr "G_cc_L_FK_arm01_monster.visibility" 1;
setAttr "G_cc_pol_L_arm01_monster.visibility" 0;
setAttr "G_cc_IK_L_hand01_monster.visibility" 0;

setAttr "cc_L_hand01_monster.FK_IK "0;

}

二、右手臂的切换

int $arm_R_IK_FK = `getAttr "cc_R_hand01_monster.FK_IK "`;

if($arm_R_IK_FK == 0){

//当切换到 IK 的时候，骨骼受到 IK 控制，而失去 FK 控制时

float $FK_R_hand_R[] = `xform -ws -q -t FK_R_hand01_monster`;
xform -ws -t $FK_R_hand_R[0] $FK_R_hand_R[1] $FK_R_hand_R[2] cc_IK_R_hand01_monster;

float $FK_R_pol_R[] = `xform -ws -q -t loc_pol_R_arm01_monster`;
xform -ws -t $FK_R_pol_R[0] $FK_R_pol_R[1] $FK_R_pol_R[2] cc_pol_R_arm01_monster;

setAttr "G_cc_R_FK_arm01_monster.visibility" 0;
setAttr "G_cc_pol_R_arm01_monster.visibility" 1;
setAttr "cc_IK_R_hand01_monster.visibility" 1;

setAttr "cc_R_hand01_monster.FK_IK " 1;

}

else{

//当切换到 FK 的时候,骨骼受到 FK 控制,而失去 IK 控制时

float $IK_R_arm_R[] = 'getAttr "IK_R_arm01_monster. rotate"';
float $IK_R_elbow_R[] = 'getAttr "IK_R_elbow01_monster. rotate"';

setAttr cc_R_FK_arm01_monster. rotateX $IK_R_arm_R[0];
setAttr cc_R_FK_arm01_monster. rotateY $IK_R_arm_R[1];
setAttr cc_R_FK_arm01_monster. rotateZ $IK_R_arm_R[2];

setAttr cc_R_FK_elbow01_monster. rotateY $IK_R_elbow_R[1];

setAttr "G_cc_R_FK_arm01_monster. visibility" 1;
setAttr "G_cc_pol_R_arm01_monster. visibility" 0;
setAttr "cc_IK_R_hand01_monster. visibility" 0;

setAttr "cc_R_hand01_monster. FK_IK " 0;

}

这样就完成了无缝的全部的操作。

第四节　为角色添加标签

制作一个角色后,为这个角色添加一个标签用于辨别这个角色是哪个。容易在以后的制作中分得清角色。尤其是在一个大的制作中,会出现很多的角色,根据导演的要求调用某个角色,通过标签直接就能知道哪个角色应该在什么位置,不至于找到原绑定师问清楚角色的细节。

Maya 中有个创建文字的工具,用这个工具来制作标签。

点击 Create—Text 后面的小方块,打开设置面板,如图 12-2 所示。

在 Outliner 大纲中选中它的组,将它放在合适的位置,调整好其大小(见图 12-3)。

选中组,加选总控制器 cc_monster,按 p 键,构成父子关系。因为这个标签起不到实质性的控制作用,所以不需要它的控制,把每一条字母的曲线和组的属性全部锁定。

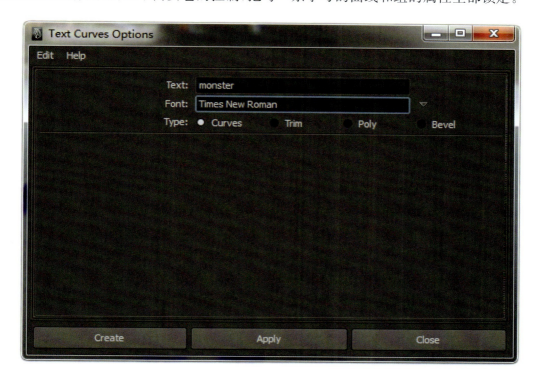

图 12-2

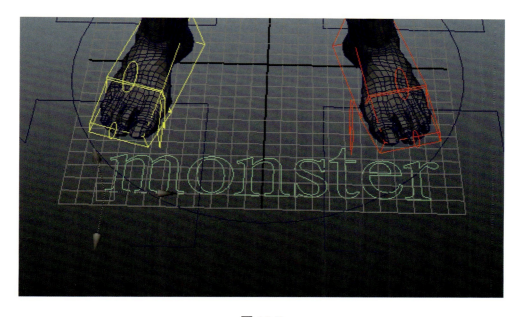

图 12-3

到这里，有关绑定的内容就全部讲授完了，接下来就可以用这个模型调制动画了。

本书中介绍了绑定的基础知识和实例操作，讲解中涉及了绑定中的大多数技法，本着必需和够用的原则，更多、更深入的讨论留给聪明的读者自己去钻研，这儿就不再做深入的分析和制作方面的进一步讲解了。

读者可以在此基础上继续深入到肌肉系统、完整的面部表情控制制作，可以通过制作一个表情面板来很好地控制面部表情的变化。在身体的各个地方可以通过添加次级控制来控制每一块肌肉的起伏和抖动。为胸腔添加影响，模拟肋骨、胸腔、腹腔的收缩。本书中在制作弯手臂和抬脚的时候出现的穿插，可以做一些BlendShape目标体，通过驱动关键帧防止出现穿插等等。

限于篇幅，本书中介绍的知识很有限，绑定不仅仅是书中所提到的方法，在学习本书的同时，仔细分析书中的教学思路，总结出自己的绑定思维方式，找到在制作中的关键点，并且在不同的角色绑定中灵活运用这些关键点，创造出自己的绑定方法，尽可能多地去深入探索研究Maya中的技术技巧，实实在在地能够自由地使用Maya中的各种工具，让Maya这个工具箱成为真正的工具箱，不再是为了学习使用工具而学习，而是为了学习而使用工具。

伟大的思想家、革命家毛泽东曾经说过一句名言："入门既不难，深造也是容易办得到的。"真诚希望本书能为读者遨游于浩瀚的动画艺术世界提供帮助。